FUITE ET ÉVASION D'UNE CAPTURE

TECHNIQUES URBAINES DE FUITE ET D'ÉVASION POUR LES CIVILS

SAM FURY

Illustrated by
NEIL GERMIO

Traduction par
MINCOR INC

www.SFNonfictionBooks.com

AVERTISSEMENTS ET CLAUSES DE NON-RESPONSABILITÉ

Les informations contenues dans cette publication sont rendues publiques à titre indicatif uniquement.

Ni l'auteur, ni l'éditeur, ni toute autre personne impliquée dans la production de cette publication n'est responsable de la manière dont le lecteur utilise les informations ni du résultat de ses actions.

TABLE DES MATIÈRES

PLANS D'ÉVASION

ÉCHAPPER À UNE CAPTURE

PRÉLIMINAIRES

VOITURES

NÉGOCIATION

MERCI POUR VOTRE ACHAT

Si vous avez apprécié ce livre, veuillez laisser un commentaire où vous l'avez acheté. Cela aide plus que la plupart des gens ne le pensent.

Pour découvrir d'autres livres SF Nonfiction disponibles en français, rendez-vous sur :

www.SFNonFictionbooks.com/Foreign-Language-Books

Merci encore pour votre soutien,

Sam Fury, auteur.

INTRODUCTION

Dans ce livre, vous apprendrez les compétences nécessaires pour échapper à une capture ou l'éviter. Il regorge de techniques d'évasion militaires et d'espionnage secrètes adaptées au civil ordinaire.

N'importe qui a le potentiel d'être capturé, même si certaines personnes sont plus ciblées que d'autres.

- **Femmes.** Les principales cibles des prédateurs sexuels et les otages les plus probables dans les crimes qui tournent mal.
- **Enfants.** Cibles de prédateurs sexuels et/ou susceptibles d'être détenus contre rançon.
- **Des personnalités en vue** (politiciens, célébrités). Détenus contre rançon.
- **Touristes.** Les touristes occidentaux risquent davantage d'être détenus contre rançon dans les pays en développement et/ou politiquement instables.

En appliquant ce que vous apprendrez dans ce livre, vous et vos proches serez en sécurité, que ce soit chez vous ou à l'étranger. Il contient également des informations permettant d'empêcher les vols courants et d'autres délits.

C'est un livre en deux parties.

Partie 1. Éviter une capture

Cette partie vous donnera les outils nécessaires pour éviter de devenir une victime.

Il existe cinq règles clés pour empêcher la capture :

1. Être vigilant.
2. Éviter le danger.
3. Éliminer les tentations.

4. Planifier et préparer.
5. Garder des objets pratiques à portée de main.

Les règles 1, 2 et 3 empêchent les événements de se produire. Les règles 4 et 5 vous garantissent d'être prêt au cas où quelque chose se produirait.

Partie 2. S'échapper d'une capture

Lorsque les cinq règles pour éviter la capture échouent, servez-vous des informations de cette partie pour planifier et exécuter votre évasion.

Elle comprend des techniques d'évasion spécifiques (crochetage de serrures, explosifs improvisés, mouvements furtifs, négociation hostile, etc.) et d'autres informations pertinentes.

Action et adaptabilité

L'action et l'adaptabilité sont la façon dont vous utilisez ce que vous aurez appris dans ce livre.

Lorsqu'il s'agit d'échapper à une capture ou de l'empêcher, plus vous agissez tôt, mieux c'est. Ceci est vrai à chaque étape du processus :

- Agir sur votre apprentissage et votre propre formation pour éviter une capture ou y échapper.
- Agir en utilisant ce que vous avez appris dans la partie 1 pour vous garder hors de danger.
- Agir rapidement lorsque vous êtes en danger (en appliquant les compétences de la partie 2) pour avoir les meilleures chances de vous échapper.

Le concept d'agir rapidement en cas de danger est important. Une action retardée entraîne une perte d'opportunité. Dès que vous repérez les signes avant-coureurs, prenez vos distances. Restez calme et suivez votre plan.

Une fois capturé, échappez-vous vite. Plus le temps passe, plus cela devient difficile. La sécurité augmentera, vos outils seront confisqués et votre force (mentale et physique) se détériorera.

L'adaptabilité est la capacité d'appliquer ce que vous aurez appris à des situations spécifiques. Les choses ne se passeront jamais exactement comme prévu. Soyez prêt à surmonter tout obstacle qui se présente.

ÉVITER UNE CAPTURE

ÊTRE VIGILANT

Être vigilant, c'est remarquer activement ce qui se passe autour de vous.

Cela présente deux avantages majeurs :

- Cela vous permet de repérer les signes avant-coureurs de dangers potentiels.
- Cela fait de vous une cible moins attrayante.

CULTIVER LA VIGILANCE

Cultiver la vigilance n'est pas difficile, mais il faut de la discipline pour ne pas se laisser distraire.

Une façon de le faire est de vous parler en silence. En regardant autour de vous, dites-vous ce que vous voyez, entendez, sentez, etc. Les choses qu'il est utile de noter sont les suivantes :

- Animaux agités. Les animaux sentent souvent le danger avant les humains.
- Repères. Notez des points de repère pour vous orienter et pour vous en servir de points de ralliement.
- Itinéraires de fuite. Prenez toujours connaissance de votre (vos) meilleur(s) itinéraire(s) d'évasion.
- Risques potentiels.
- Armes potentielles. Prenez-les si vous êtes attaqué.
- Personnes suspectes. Faites attention aux comportements nerveux ou « louches ».
- Véhicules suspects. Mémorisez les plaques d'immatriculation et les descriptions générales.
- Bruits ou odeurs bizarres, etc.
- Circulation inhabituelle. Cela peut indiquer que les gens fuient un danger.
- Tout ce qui sort de l'ordinaire.

Placez-vous toujours là où vous pouvez le mieux observer votre entourage, par exemple dos au mur et face à l'entrée.

Quand vous avez besoin de concentrer votre attention, par exemple si vous êtes au téléphone ou pendant une conversation, regardez autour de vous toutes les 10 secondes pour vous assurer que vous êtes en sécurité.

Augmentez l'attention d'autrui à votre égard. Informez les personnes de confiance de votre trajet et restez en contact. Assurez-vous qu'elles savent quoi faire si vous ne les contactez pas.

Cultiver une conscience constante de votre environnement et de vous-même peut être difficile au début. Cela demande beaucoup plus de puissance cérébrale que de rêvasser ou de consulter votre téléphone, mais avec de la pratique, cela deviendra une seconde nature.

Chapitre Connexe :

- Points de Ralliement

ÉVITER LES DANGERS

Les criminels peuvent se trouver n'importe où n'importe quand, mais il y a des moments et des endroits où vos risques augmentent. Voici quelques exemples :

- Le jour est généralement plus sûr que la nuit, grâce à la lumière.
- Le taux de criminalité augment pendant les vacances, et des élections peuvent provoquer des troubles sociaux.
- L'isolement fait de vous une cible facile, mais des endroits trop peuplés permettent aux petits délinquants de vous voler plus facilement.
- Une cabine dans les toilettes des hommes est plus sûre que l'urinoir.
- Situation géographique (Canada contre Somalie, banlieues chics contre bidonvilles).
- Checkpoints/barrages routiers.
- Distributeurs de billets dans la rue. Allez plutôt dans un centre commercial ou une banque.
- Entrées de ruelles et autres zones cachées.

Quand vous avez le choix, optez pour l'option la plus sûre. Voici quelques directives générales pour ce faire :

- Évitez les endroits isolés, même à l'intérieur des bâtiments, comme les buanderies, les salles de courrier ou les garages.
- Recherchez les horaires des transports en commun pour diminuer votre temps d'attente dans la rue.
- Asseyez-vous près des sorties tout en pouvant voir qui entre.
- Choisissez des sièges côté couloir.
- Restez à proximité de personnes « sûres », comme des agents de sécurité, des membres de la famille ou des chauffeurs de bus.
- Restez dans les zones bien éclairées.
- Évitez les rassemblements potentiellement hostiles, comme ceux de personnes ivres ou de jeunes hommes.
- Marchez face à la circulation.
- Restez au milieu du trottoir, afin de ne pas être trop près des voitures qui passent ou de points d'embuscade.
- Les premier et second étages des bâtiments sont les plus sûrs, surtout dans les hôtels et les résidences. Le rez-de chaussée n'est pas sécurisé, et si vous êtes au troisième étage ou plus, les échelles d'incendie risquent ne pas vous atteindre.
- Les chambres près des sorties de secours et des ascenseurs sont bonnes, mais pas celles près des cages d'escalier.

Chaque fois que vous vous sentez en danger, allez dans un endroit sûr. Un endroit sûr est tout endroit où il y a des gens, des caméras et/ou un bon éclairage. Plus il y a de tout cela, mieux c'est. Par exemple, trouvez un :

- Poste de police.
- Supermarché.
- Centre commercial.
- Poste d'essence.
- Restaurant/café/bar animé.

Prenez le temps de localiser les endroits sûrs toute la nuit dans votre coin.

Chapitre connexe :

- Ascenseurs

EN VOYAGE

Éviter le danger en voyage demande un peu de travail supplémentaire. L'essentiel est d'acquérir des connaissances. Avant de partir, effectuez des recherches sur votre destination, les coutumes locales... et les arnaques locales. Évitez les endroits dangereux et agissez comme les autochtones si possible. Mangez ce qu'ils mangent, par exemple. Abonnez-vous aux avertissements aux voyageurs, ce que vous pouvez faire ici :

https://subscription.smartraveller.gov.au/subscribe

Une fois arrivé à destination, se lier d'amitié avec un autochtone digne de confiance est un bon moyen d'obtenir des informations de première main. Il peut identifier les risques locaux, recommander des endroits, vous dire combien devraient coûter les choses, etc.

Faites cependant attention avec qui vous vous liez d'amitié. Le personnel du service client local (réceptionnistes d'hôtel ou serveuses dans les cafés locaux, par exemple) est généralement sûr, mais vous ne pouvez jamais en être certain. Ne leur communiquez pas les détails de votre emploi du temps ou d'autres informations sensibles.

Lorsque vous interagissez avec les habitants, prononcer quelques mots dans leur langue avec un sourire sincère peut faire beaucoup. Apprenez à dire « Bonjour », « Combien ça coûte ? », « Merci » et « Au revoir ». Évitez les conversations sur la religion, la politique et l'argent. S'ils abordent l'un de ces sujets, soyez respectueux.

Dans les zones à haut risque, évitez les lieux fréquentés par des étrangers (hôtels, attractions, restaurants, marchés, etc.). Optez plutôt pour des équivalents « non étrangers ». En prime, les options locales sont généralement meilleures, moins bondées, moins chères et plus authentiques.

S'il y a un attentat terroriste, éloignez-vous des ambassades pendant quelques jours en cas de séquelles.

Chapitre Connexe :

- Arnaques Courantes et Petits Larcins

SÉCURITÉ NUMÉRIQUE

De nos jours, tout pirate informatique amateur peut voler vos informations avec un logiciel basique. Suivez les conseils ci-dessous pour dissuader les traqueurs et les escrocs sur Internet.

Ordinateur/portable

Couvrez votre caméra avec du ruban adhésif opaque au cas où quelqu'un y accéderait à distance ou si vous oubliez de couper après un appel vidéo.

Mettez à jour vos logiciels chaque fois qu'il y a un nouveau correctif.

Déconnectez-vous de vos comptes en ligne (banque, panier, etc.) et votre ordinateur lorsque vous le quittez, notamment dans les lieux publics comme au travail ou à l'école.

Désactivez les ports USB inutilisés pour empêcher les hackers d'utiliser des gadgets de piratage « plug and play » tels que des enregistreurs de frappe, des bash bunnies et des rubber duckies.

WIFI

N'utilisez jamais un point d'accès gratuit qui s'ouvre sans connexion. Il peut s'agir d'un point qu'un hacker a configuré à l'aide d'un Pinapple WiFi ou d'un autre appareil quelconque.

Utilisez un VPN pour crypter votre activité sur tout autre réseau que votre réseau personnel, en particulier lorsque vous effectuez des opérations bancaires, des achats en ligne ou l'envoi d'informations sensibles par e-mail. Pour une couche de sécurité supplémentaire, utilisez le navigateur TOR :

https://www.torproject.org/download

Restez en dehors du dark web, même lorsque vous utilisez une connexion Internet DSL.

Sécurité par Mot de Passe

Un bon mot de passe est sécurisé, unique et facile à retenir. Voici une méthode pour créer plusieurs mots de passe sécurisés.

Choisissez un mot aléatoire d'au moins 6 caractères, tel que « Panasonic ».

Modifiez le mot en un mélange de lettres majuscules et minuscules, de lettres de remplacement, de symboles et de chiffres. Employez au moins un de chaque. Dans cet exemple, vous pourriez vous retrouver avec « P@nas0n1K ».

C'est votre mot de passe de base.

Ajoutez un préfixe ou un suffixe à votre mot de passe de base pour chaque compte. Utilisez un préfixe/suffixe spécifique qui se rapporte à chaque compte, mais utilisez le même principe pour tous les comptes.

Par exemple, en appliquant le mot de passe de base ci-dessus aux sociétés suivantes, prenez la première et la dernière lettre de chaque nom de société comme préfixe pour son mot de passe spécifique.

- Merrel - MLP@nas0n1K
- Chase - CEP@nas0n1K
- Robinhood - RDP@nas0n1K

Pour le rendre encore plus sécurisé, ajoutez des lettres ou un autre niveau. Par exemple, vous pouvez utiliser le nombre de lettres du nom de l'entreprise comme suffixe à la fin, comme indiqué ci-dessous :

- Merrel - MLP@nas0n1K6
- Chase - CEP@nas0n1K5
- Robinhood - RDP@nas0n1K9

Si vous pensez que vous aurez du mal à vous en souvenir, vous pouvez enregistrer le mot de base quelque part dans sa forme originale (par exemple, « Panasonic »). Assurez-vous de le mettre dans un endroit sûr – pas dans votre portefeuille ni près de votre ordinateur. Maintenant, vous n'avez plus qu'à vous souvenir du principe.

Vous devriez également changer vos mots de passe au moins une fois par mois. Rationalisez cela en procédant comme suit :

- Faites une liste de tous les sites où vous devez saisir votre mot de passe.
- Choisissez un jour par mois pour les consulter et changez-les tous.
- Modifiez votre mot de passe de base et le type de préfixe ou de suffixe.

Si vous pensez que votre mot de passe et/ou modèle de base a été compromis, modifiez tous vos mots de passe dès que possible.

Ne donnez jamais vos mots de passe à personne !

En plus de créer un mot de passe sécurisé et d'en changer régulièrement, vous pouvez faire quelques autres choses pour augmenter la sécurité de votre connexion.

Profitez des mots de passe à usage unique envoyés sur votre téléphone ou via un gadget ou une application tiers, la reconnaissance d'empreintes digitales sur votre téléphone lié à votre compte et tout ce qui est proposé.

Les questions de sécurité constituent un niveau de protection supplémentaire. Rendez-les encore plus utiles en donnant des réponses fausses. Vous pouvez donner une réponse opposée, une variation de votre mot de passe de base ou un méli-mélo de la réponse réelle.

Réseaux Sociaux

Le plus sûr est de ne pas avoir de compte sur les réseaux sociaux, mais ce n'est pas pratique pour beaucoup de gens.

La meilleure chose à faire est d'être attentif à ce que vous partagez et avec qui vous le partagez.

- Soyez sélectif dans vos choix d'« amis ».
- Ne publiez aucune information personnelle.
- Ne postez rien qui révèle votre position, vos tâches quotidiennes ou les moments où vous êtes absent de votre domicile.

E-mail

Cryptez toute information sensible.

Supprimez les e-mails de sources non fiables sans les ouvrir. Les e-mails frauduleux se reconnaissent à leurs titres provocateurs, à rien d'autre qu'un lien dans le corps de l'e-mail, à des emojis dans le titre et un mélange de lettres comme adresse d'expéditeur.

N'ouvrez ni ne téléchargez aucun lien ou pièce jointe suspects.

Méfiez-vous des usurpations d'identité, telles que des e-mails de « votre banque ». Ne donnez jamais d'informations personnelles en répondant à un e-mail, ou ne vous connectez pas à votre compte via un lien dans un e-mail. À la place, contactez l'entreprise concernée de manière indépendante (par exemple, par téléphone ou via son site Web).

Shopping en Ligne

Lorsque vous faites des achats en ligne, réglez-les en tant qu'invité. Si vous créez un compte sur un site commercial et qu'il est piraté, vos informations seront compromises. Si vous voulez le « cadeau gratuit » offert à votre inscription auprès d'une entreprise, utilisez un e-mail temporaire d'un service comme Guerrilla Mail :

https://www.guerrillamail.com

Téléphone

Faites mettre votre numéro sur liste rouge.

Répondez par un simple « Bonjour » au lieu de votre nom et/ou numéro, et faites de même avec votre messagerie vocale.

Ne donnez aucune coordonnée personnelle à quelqu'un qui vous appelle et que vous ne connaissez pas. S'il dit qu'il appelle de la part d'une entreprise, demandez un numéro de référence et rappelez l'entreprise. Trouvez vous-même son numéro via son site officiel.

Raccrochez à tous les appels menaçants. Ne répondez pas. S'ils persistent, appelez la police.

Pour empêcher vraiment d'être tracé (par le gouvernement, par exemple), retirez la carte SIM et la batterie d'un téléphone prépayé (si possible) et écrasez le téléphone après l'avoir utilisé.

Mettez à jour le logiciel de votre téléphone.

Utilisez un VPN.

Ne dites jamais à un inconnu qui vous appelle que vous êtes seul.

Chapitres Connexes :

- Traqueurs
- Pistage

ARNAQUES COURANTES ET PETITS LARCINS

Ce chapitre aborde les méthodes courantes employées par les criminels pour enlever, voler et/ou arnaquer les gens, ainsi que les méthodes de prévention que vous pouvez utiliser.

Il n'est pas destiné à vous rendre cynique envers tout le monde. La plupart des gens ne cherchent pas à vous avoir, mais il est sage de ne pas faire trop confiance non plus. Faites preuve de bon sens en fonction de la situation dans laquelle vous vous trouvez.

Diversion

Une diversion est conçue pour que votre attention se concentre ailleurs, sur quelqu'un qui provoque une scène, par exemple. Pendant que vous êtes distrait, vos biens sont volés ou vous êtes attaqué. Une bonne perception de la situation vous aidera à lutter contre cela.

Collision

Quelqu'un va volontairement vous percuter, mais fera comme si c'était votre faute. Ce faisant, il va faire tomber ou casser quelque chose « de valeur » et exigera que vous le remboursiez.

Une version plus élaborée de ceci est quelqu'un qui surgit en courant devant votre voiture.

Cela peut également se produire en voiture, où l'escroc heurtera votre voiture avec la sienne. Quand vous sortirez, une tierce personne vous volera votre voiture ou vous serez enlevé.

Si cela vous arrive, dites à la personne que vous étiez très attentif et que ce n'est pas votre faute. Soyez ferme et poli. Si elle insiste, appelez les autorités.

Parfois, le coût peut ne pas en valoir la peine. S'il veut un montant relativement faible, envisagez de payer.

Si vous êtes dans une voiture, ne sortez pas. Allumez vos feux de détresse et appelez la police. Notez le numéro d'immatriculation de l'autre voiture, la description du conducteur, etc. Si quelqu'un s'approche de votre voiture, dites-lui de vous suivre jusqu'à un endroit sûr, comme un poste de police ou un endroit peuplé.

Pot de miel

Dans cette arnaque, une personne séduisante (le pot de miel) va se lier d'amitié avec vous. Après quelque temps, vous irez dans un restaurant, un bar ou un endroit similaire, où il n'y aura pas de prix sur le menu. À la fin, il y aura une facture salée dont le « pot de miel » recevra une part.

Pour éviter que cela vous arrive, lorsque vous voulez vivre une « expérience locale », prenez vos conseils dans un guide, pas auprès de quelqu'un que vous venez de rencontrer. De plus, ne commandez jamais quelque chose sans en connaître le prix.

Imposture

Dans ce scénario, quelqu'un portant un uniforme « officiel » essaie de pénétrer chez vous ou d'obtenir vos informations personnelles. Cela peut également se produire par téléphone ou en ligne, lorsqu'une personne prétend être un collègue, un fonctionnaire, un employé de banque, etc.

Votre meilleure défense contre les usurpateurs est de vous fier à votre instinct si quelque chose ne vous semble pas correct, et de vous méfier de tout ce qui est trop beau pour être vrai.

Ne donnez jamais vos informations personnelles à quelqu'un qui vous appelle. À la place, raccrochez et appelez l'entreprise que cette personne prétend représenter. Vérifiez que les gens sont bien qui ils prétendent être. Par exemple, si un employé du gaz frappe à votre porte, appelez la compagnie de gaz pour confirmer sa visite.

Le Bon Samaritain

Quand vous voyez quelqu'un en détresse, il est naturel de vouloir l'aider, mais soyez prudent. Souvent, le numéro de la « demoiselle en détresse » est une mise en scène, et vous serez victime d'un vol à la tire, d'une agression, d'un vol de voiture ou pire.

Faites toujours très attention quand vous aidez quelqu'un dans une zone isolée. S'il s'agit d'un problème de voiture, la meilleure chose à faire est d'appeler les services d'urgence.

Si vous décidez d'aider quelqu'un, faites attention à vos biens et à votre environnement au cas où un complice vous attaquerait.

N'hésitez pas à partir si vous sentez que quelque chose ne va pas. Vérifier la situation en posant des questions sur l'histoire des victimes vous aidera à décider s'il s'agit d'une arnaque ou non.

Inverser le bon Samaritain

Ici, c'est l'escroc qui joue le rôle du bon Samaritain. Par exemple, il pourrait vous faire signe de vous arrêter parce que quelque chose ne va pas avec votre voiture. À moins qu'il n'y ait une urgence évidente, attendez d'être dans un endroit sûr pour vérifier le problème.

La Boîte

Dans cette situation, plusieurs criminels vous entourent. Cela peut être pendant que vous marchez ou dans votre voiture. Pour éviter que cela vous arrive, laissez toujours de la place pour vous échapper et enfoncez l'encerclement si nécessaire.

Arnaque au Taxi

Il existe de nombreux types d'arnaques au taxi. Elles peuvent également s'appliquer à tout moyen de transport privé, comme les tuk-tuks. Voici quelques exemples courants :

- Vous emmener par l'itinéraire le plus long possible.
- Mettre le compteur au « tarif de nuit » plutôt qu'au tarif normal.
- Filer avec vos bagages dans le coffre lorsque vous êtes sorti de la voiture.
- Vous emmener dans un chemin détourné où ses complices criminels vous attendent.

Il y a plusieurs choses que vous pouvez faire pour vous protéger des arnaques au taxi:

- Prenez des taxis officiels ou des services de transport tels qu'Uber ou Grab.
- Optez pour les transports en commun. C'est souvent plus sûr et toujours moins cher.
- Ne suivez pas de rabatteurs. Choisissez votre propre taxi ou allez à une station de taxis officielle.
- Voyagez léger pour ne rien avoir à mettre dans le coffre.
- Connaissez votre l'itinéraire ou suivez-le avec votre appli GPS.
- Allez uniquement à votre destination d'origine. Ne laissez pas le chauffeur vous emmener dans un endroit « mieux » ou « moins cher ».
- Vérifiez qu'il y a une poignée à l'intérieur de la portière avant de monter dans la voiture.
- Faites tourner le compteur.
- Vérifiez que l'identité du chauffeur correspond bien à celui-ci.
- Ne partagez pas le taxi.
- Gardez les vitres closes et les portières verrouillées.
- Demandez à une autre personne, comme le concierge de votre hôtel, quel serait le prix normal du trajet.
- Si vous avez un petit différend tarifaire, il est souvent préférable de le payer.
- Notez le numéro d'immatriculation (ou prenez-le en photo) et envoyez-le à un ami de confiance ou à un membre de la

famille afin qu'il puisse suivre vos déplacements. Prenez également une photo du conducteur. Laisse-le vous voir le faire. Vous pouvez d'abord lui demander s'il est d'accord. S'il s'y oppose, appelez un autre service.
- Si un chauffeur de taxi refuse vos indications, descendez dès qu'il s'arrête dans la circulation.

Pickpockets

Un pickpocket est un voleur habile qui dérobe des objets dans votre poche ou votre sac.

Voici quelques conseils pour lutter contre les pickpockets :

- Les poches avant de votre pantalon sont l'endroit le plus sûr pour ranger vos affaires.
- Évitez les poches amples.
- Préférez des poches zippées ou boutonnées.
- Entourer votre portefeuille d'un élastique le fera adhérer à votre poche.
- Ne laissez rien sans surveillance, surtout sur la plage.
- Soyez prudent dans les foules, aux distributeurs de billets automatiques et quand surviennent des diversions.
- Ne vérifiez pas constamment votre portefeuille, car c'est un signe révélateur de l'endroit où il se trouve.
- Cachez le gros de votre argent dans une poche à billets autour de votre cou ou dans une poche secrète de votre pantalon. Gardez suffisamment de monnaie dans votre poche pour ne pas avoir à révéler votre endroit secret en public.
- N'accédez à votre espace secret qu'en privé (à l'intérieur d'un cabinet de toilette par exemple).
- Surveillez votre montre, surtout lors de poignées de main.
- Affronter un pickpocket (pas un agresseur) en public est généralement sans danger. Il niera tout méfait, mais ne sera probablement pas violent. Retenez une bonne description de lui pour la police.

- Si votre portefeuille est volé et que vous recevez un appel de la police pour le récupérer, rappelez-les toujours pour vérifier qu'ils l'ont bien. C'est peut-être le voleur qui veut vous faire sortir de chez vous. Si votre portefeuille est « trouvé » par un inconnu, vous devez quand même faire opposition sur vos cartes de crédit.

Vol à L'arraché

Un voleur de sacs est plus flagrant qu'un pickpocket, et plus dangereux. Il est susceptible de se battre pour s'échapper car il ne peut pas nier le délit.

Le vol à l'arraché est un terme générique. Cela s'applique à tout ce que vous transportez, comme un sac à main ou un téléphone.

Pour vous protéger d'un voleur de sac ou de quelqu'un qui pique quelque chose dans votre sac :

- Utilisez une sangle et passez-la en travers de votre corps pour qu'il soit devant vous.
- Tenez-le fermement près de vous.
- Quand vous marchez, portez-le du côté opposé à la rue.
- Vérifiez qu'il est bien fermé.
- Dans un cabinet de toilette, écartez-le de la porte et de l'espace ouvert au bas du cabinet. Choisissez un cabinet avec un mur solide sur un côté.

Escrocs

Un escroc est quelqu'un qui gagne votre confiance et qui profite ensuite de vous. Après avoir établi une relation avec vous, un escroc peut employer une ou plusieurs des astuces psychologiques suivantes.

Réciprocité. Quand quelqu'un vous donne quelque chose, vous êtes plus enclin à lui donner autre chose en retour. Cela peut être une faveur, un cadeau, de l'argent, des informations, etc.

L'escroc vous donnera quelque chose et voudra autre chose de plus important en retour.

Une variante est de vous aider sans que vous le demandiez et de réclamer ensuite de l'argent. C'est courant quand vous voyagez. Par exemple, vous pouvez rencontrer des porteurs non officiels.

Petite demande L'escroc peut commencer par faire de petites demandes que vous êtes susceptible d'accorder. Au fur et à mesure que vous vous habituez à donner, les demandes augmenteront en taille. Une variante est de vous demander quelque chose de gros. Lorsque vous refusez, il vous demandera quelque chose de plus raisonnable, qui est ce qu'il veut vraiment.

Suivre le mouvement. Les gens sont naturellement enclins à faire ce que font les autres. L'escroc insinuera que « tout le monde le fait » et que vous devriez le faire aussi.

Pénurie. Cette arnaque joue sur votre peur de manquer de quelque chose – le sentiment que vous feriez mieux de faire ou d'acheter quelque chose au plus tôt, avant que ce ne soit plus disponible.

Chapitres Connexes :

- En voyage
- Vol à la Tire
- Détecter les Mensonges

PIÈCES SÉCURISÉES

Une pièce sécurisée est un endroit fortifié à l'intérieur de votre maison où vous pouvez vous réfugier en cas d'intrusion ou de catastrophe.

Vous n'avez pas besoin d'une pièce spécialement conçue. Voici comment en aménager une.

Choisissez la Pièce

Prenez n'importe quelle pièce accessible à tous les membres du ménage. Pensez aux personnes à mobilité réduite, telles que les personnes âgées, les handicapés et les enfants. La pièce doit pouvoir se verrouiller de l'intérieur, mais rester ouverte afin que tout le monde puisse y accéder en cas d'urgence.

Une pièce ayant peu d'entrées/sorties est préférable.

Sécuriser la Pièce

Apportez les modifications suivantes afin de sécuriser la pièce de l'intérieur :

- Porte pleine.
- Verrou à pêne dormant.
- Barricades supplémentaires sur les portes et fenêtres.
- Quelque chose derrière lequel se cacher si des coups de feu sont tirés.

Approvisionner la Pièce

Ayez suffisamment de provisions pour votre famille pour au moins trois jours, ainsi que du matériel de sécurité et de sauvetage. À tout le moins, prévoyez les éléments suivants :

- Téléphone portable et chargeur.
- Lampes de poche et piles de rechange.
- Trousse de premiers soins et médicaments sur ordonnance.
- Nourriture non-périssable.
- Eau de boisson et d'hygiène.
- Produits sanitaires.
- Seaux et sacs poubelles pour les ablutions.
- Armes. (Stockez-les de manière appropriée.)
- Réseau de caméras de surveillance.

Chapitre Connexe :

- Sécurisez les Points D'entrée

TRAITER AVEC LA POLICE

À moins que vous ne soyez une victime ayant besoin d'une aide d'urgence, il est préférable de rester à l'écart de la police. La frontière entre « témoin » et « suspect » est mince, et s'ils décident de vous arrêter, vos chances de vous échapper sont minces.

La règle numéro un pour traiter avec la police est de ne fournir aucune information, sauf si elle mène à la capture immédiate d'un criminel dangereux (la direction dans laquelle un tireur a couru, par exemple).

Faites très attention à la police et aux autres services gouvernementaux en période de troubles sociaux. Cela devient une relation « nous et eux », et ils forment un groupe entraîné et armé.

Voici certaines choses à faire et ne pas faire, face à des policiers hostiles. Tenez compte du pays et de la situation spécifiques dans lesquels vous vous trouvez.

À Faire :

- Gardez vos mains en vue.
- Demandez si vous êtes arrêté. Sinon, éloignez-vous. Si c'est le cas, restez au même endroit jusqu'à ce qu'on vous dise de bouger.
- Donnez-leur votre pièce d'identité si on vous la demande.
- Prenez connaissance de vos droits civils dans le pays où vous vous trouvez (ceux relatifs à la fouille et à la détention, par exemple).
- Si la police vient chez vous avec un mandat d'arrêt, sortez et verrouillez la porte derrière vous.
- Informez les gens de votre arrestation/détention – plus il y en a, mieux c'est.
- Assurez-vous que toutes les personnes impliquées savent qu'elles doivent garder le silence.

- Enregistrez vos interactions avec la police par écrit et/ou en vidéo.

À ne Pas Faire :

- Fuir ou résister à l'arrestation, sauf dans des circonstances spéciales.
- Toucher les policiers ou leur équipement.
- Faire des mouvements brusques.
- Être impoli. Déclarez plutôt poliment : « Désolé, je n'ai rien d'autre à dire. »
- Accepter d'aller au poste, sauf s'ils vous arrêtent.
- Vous fourrer inutilement dans n'importe quelle situation.
- Consentir à une fouille de votre personne, domicile, voiture ou bureau. S'ils en mènent une, déclarez énergiquement : « Je ne consens pas à cette fouille », mais ne résistez pas physiquement.
- Avouer à n'importe qui. D'autres détenus peuvent être des informateurs. Ne discutez jamais de votre cas avec quelqu'un d'autre que votre avocat.
- Vous laisser prendre à leurs tactiques d'interrogatoire.

Les tactiques d'interrogatoire courantes comprennent :

- Une détention prolongée.
- L'affirmation qu'ils ont des preuves, alors autant avouer.
- De fausses accusations pour ne pas avoir répondu aux questions.
- L'affirmation selon laquelle des amis ont coopéré ou se sont retournés contre vous.
- Une condamnation plus légère contre un aveu.
- Le numéro du « bon flic, méchant flic ».

Contrôles Routiers

Quand un flic vous fait signe de vous arrêter :

- Allumez vos feux de détresse et roulez lentement jusqu'à un endroit sûr. Un endroit sûr est un endroit à l'écart de la circulation, bien éclairé et où il y a des témoins.
- Restez dans votre véhicule, éteignez la radio, allumez l'éclairage intérieur et placez vos mains sur le volant.
- Ne bougez que lorsqu'on vous le demande, et faites-le lentement.
- N'admettez jamais une infraction. Si on vous demande si vous savez pourquoi vous êtes arrêté, dites non.
- Ne contestez aucun PV que l'agent vous donne. À la place, portez-le plus tard devant les tribunaux.

DISPARAISSEZ DÉFINITIVEMENT

Il peut y avoir plusieurs raisons pour lesquelles vous désirez disparaître définitivement. Vous devez peut-être vous cacher du gouvernement, de gangsters ou d'un harceleur, par exemple. Si vous envisagez de le faire, voici quelques éléments à considérer.

Où Aller

De qui vous vous cachez déterminera la distance que vous devrez parcourir : une autre ville, une autre région, un autre pays. Choisissez un endroit inattendu où personne ne pensera à vous chercher.

Si vous fuyez la loi, allez dans un endroit qui n'a pas de traité d'extradition avec votre pays et où il y a moins de contrôle gouvernemental. L'Asie du Sud-Est ou l'Amérique latine pourraient être de bonnes options. Le temps est crucial : vous devez partir avant d'être inscrit sur une liste d'interdiction de vol.

Couper les Liens Sociaux

Il est préférable de le faire peu à peu, afin que lorsque vous finissez par disparaître, les gens ne sonnent pas l'alarme.

- Commencez à voir de moins en moins vos amis et votre famille, jusqu'à ce que ne plus avoir de vos nouvelles soit considéré comme normal.
- Supprimez vos comptes de réseaux sociaux.
- Quittez officiellement votre emploi, afin que personne ne s'inquiète lorsque vous ne vous y présentez pas.
- Dites à quiconque pourrait s'inquiéter que vous partiez en vacances prolongées et que vous ne le contacterez pas. Avancez l'excuse d'une désintoxication électronique.

Voyage

Faites de faux préparatifs de voyage avec des cartes de crédit, puis réalisez vos vrais projets avec de l'argent liquide.

Cacher Votre Identité

Une fois que vous avez officiellement « disparu », vous devez garder votre ancienne identité secrète.

- Retirez tout votre argent par étapes avant de partir et payez tout en espèces.
- Brûlez toutes vos pièces d'identité, cartes bancaires, etc.
- Ne vous attirez pas d'ennuis.
- N'allez jamais nulle part ni ne faites quoi que ce soit où quelqu'un pourrait vous demander une pièce d'identité (pas de conduite).
- Louez directement des endroits comportant des panneaux « à louer » et soyez un locataire ponctuel.
- Évitez les caméras de surveillance. Si vous ne pouvez pas, gardez la tête baissée et portez des lunettes de soleil et un chapeau ou un sweat à capuche.
- Faites couler de l'eau si vous soupçonnez des appareils d'écoute.

Contacter vos Proches

Ne contactez personne de votre ancienne vie à moins que ce ne soit absolument nécessaire. Si vous avez besoin de le faire, appelez d'un endroit où vous ne restez pas, comme une autre région.

Utilisez un téléphone jetable (un téléphone prépayé que vous pouvez acheter sans présenter une pièce d'identité).

Passez un appel de moins de trois minutes et ne dites rien qui pourrait révéler votre position ou vos plans.

Une fois terminé, retirez la batterie et la carte SIM du téléphone et écrasez-le.

Chapitre Connexe :

- En voyage

SUPPRIMER LA TENTATION

Si vous n'êtes pas une cible évidente dès le départ, vous avez moins de chances de le devenir.

Un concept important pour augmenter la sécurité dans toutes les situations est « d'être un homme gris ».

L'homme/la femme gris se fond dans le décor. Il/elle est banal, et :

- Ne fait pas de tapage.
- Ne porte pas des vêtements coûteux ou voyants, des bijoux, des téléphones ou des identifiants évidents, comme des tatouages.
- N'agit pas comme un touriste (prendre des photos, regarder des cartes, parler une langue étrangère, etc.).

Un autre aspect important pour ne pas devenir une victime est la forme physique.

Si vous avez l'air d'être capable de combattre, fuir ou poursuivre quelqu'un, vous êtes moins susceptible d'être une cible.

La combinaison d'être un homme gris, d'être en forme et d'être vigilant fait de vous un mauvais pigeon.

La plupart des criminels ne prendront pas cette peine et s'attaqueront à une cible plus facile – il y en a beaucoup.

CACHEZ VOS OBJETS DE VALEUR

Apparaître comme si vous n'aviez rien de valeur diminue le risque que votre maison ou votre voiture soit visitée en vue d'un profit monétaire.

Lorsque vous cachez des objets, tenez compte de l'accès dont vous avez besoin par rapport au niveau de sécurité requis. Plus il faut de temps pour dissimuler un objet, plus il en faudra pour le découvrir, à la fois pour vous et pour le criminel.

Sur Vous-même

Lors de vos déplacements, n'emportez pas d'objets de valeur inutiles. Portez un portefeuille factice contenant peu d'argent, une seule pièce d'identité ancienne (avec une ancienne adresse) et une carte de crédit expirée.

Conservez votre argent liquide et votre carte de crédit dans un endroit secret, comme :

- Une poche secrète.
- La semelle de votre chaussure
- La doublure de vos vêtements.

Pour cacher quelque chose dans la semelle de votre chaussure, évidez le talon à l'intérieur, sous votre semelle intérieure. Rembourrez l'espace vide et recollez la semelle intérieure.

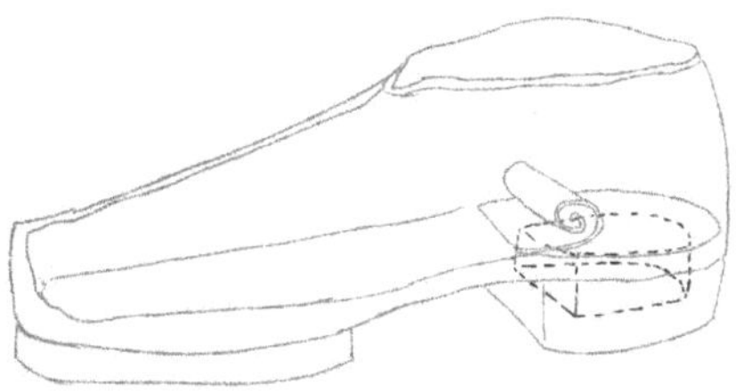

Dans votre Voiture

Ne laissez rien de valeur en vue. Même de la petite monnaie attirera les voleurs. À tout le moins, mettez-la sous un siège ou dans la boîte à gants.

Le coffre est le meilleur endroit pour tout ce qui a de la valeur, car il est hors de vue et dispose d'un verrou sécurisé. Pour des cachettes plus complexes, essayez d'utiliser l'intérieur des garnitures de porte ou de coudre des objets de valeur dans la sellerie.

Ne montrez pas par des signes évidents que vous êtes une femme. À la place, laissez des signes suggérant que vous êtes un homme, comme une casquette de sport bon marché.

Chez Vous

Il existe dans la maison de nombreuses bonnes cachettes pour de petits et moyens objets, mais cacher des appareils électroménagers tels que votre téléviseur grand écran n'est pas pratique.

Baissez vos stores pour empêcher les gens de voir dans votre maison et ne laissez rien de valeur en plein air. Cela inclut les signes de nouveaux achats, tels que l'emballage de votre nouvelle console de jeu.

Verrouillez votre voiture dans le garage (ce qui rendra également votre routine plus difficile à suivre) et enfermez tous vos outils.

Vous avez plusieurs choix d'endroits où mettre ce que vous voulez cacher à l'intérieur de votre maison.

Où ne pas Cacher D'affaires

Tout le monde connaît les cachettes les plus évidentes, surtout les voleurs. Ne cachez rien aux endroits suivants :

- La chambre principale. Laissez votre porte-monnaie factice avec 20 € et des bijoux bon marché comme leurre.
- Une chambre d'enfant.
- Toute cachette « cliché », comme votre tiroir à sous-vêtements/chaussettes, votre matelas, votre congélateur ou la chasse des toilettes.

Cachettes Faciles

Ces cachettes sont rapides et faciles à créer et à accéder sans aucun dommage. Ils conviennent également aux chambres d'hôtel et aux immeubles de bureaux.

Lorsque vous cachez quelque chose dans une chambre d'hôtel, n'oubliez pas d'accrocher le panneau « Ne pas déranger ». Placez ensuite votre (vos) objet(s) :

- Dans le robinet de la baignoire. Emballez-le dans du papier toilette afin que l'objet ne tombe pas.
- À l'intérieur d'une tringle à rideau de douche creuse.
- Dans les ourlets des rideaux des fenêtres.
- Sous la housse de la planche à repasser.
- Collé sous le fond d'un tiroir du bas.
- Collé sous des meubles lourds.
- Dans des coussins zippés.
- Dans des cadres de photos.
- Dans des produits de toilette. Étanchéifiez d'abord l'objet dans du plastique.
- Dans un coffre-fort ignifuge boulonné au sol et caché, mais pas dans la chambre principale.

Cachettes Moyennes

Vous aurez peut-être besoin d'un outil pour créer/accéder à ces cachettes :

- Dans le boîtier du téléphone fixe. Ne cachez rien dans une prise électrique.
- Sous un peu de moquette relevée dans le coin d'un placard.
- Dans le boîtier du téléviseur.
- Dans un livre évidé. Utilisez un rasoir pour découper quelques pages.
- Dans une boîte de conserve évidée. Ouvrez le fond (ne le retirez pas) et remplacez le contenu par vos objets.
- Dans la ventilation. Couchez l'objet sur le côté pour qu'il ne tombe pas hors de portée.

Cachettes Difficiles

Vous devrez faire quelques aménagements mineurs pour créer ces cachettes.

- Dans l'espace mort d'un mur ou d'une porte (derrière l'armoire à pharmacie, par exemple).
- Dans un coffre-fort maçonné dans un mur. Masquez-le à l'aide d'une peinture.
- Dans des pieds de meuble évidés.
- Sous un placard de cuisine. Retirez la plinthe, cachez vos affaires derrière et utilisez du Velcro pour la recoller.

Créer une Pièce Secrète

Vous pouvez créer des pièces secrètes à partir de pièces à entrée unique existantes ou de grands espaces morts, comme celui sous votre escalier.

Pour cela :

- Retirez la porte et la moulure.
- Comblez l'ouverture avec du Placoplâtre, à part un petit passage à franchir en rampant.

- Fabriquez quelque chose pour masquer l'entrée que vous pourrez fermer de l'intérieur, comme des étagères qui coulissent ou pivotent.

Votre pièce secrète peut également servir de pièce sécurisée.

Chapitre Connexe :

- Pièces Sécurisées

PROTÉGEZ VOTRE VIE PRIVÉE

Moins on en sait sur vous, moins vous êtes susceptible d'être une victime.

Voici quelques conseils pour protéger vos informations sensibles :

- N'étiquetez jamais vos clés avec une adresse.
- Utilisez une boîte postale pour la correspondance. Pour les endroits qui n'acceptent pas les boîtes postales, remplacez « boîte postale » par « Apt ».
- Demandez à vos collègues de filtrer les appels et les visiteurs.
- Détruisez le courrier jeté.
- Retirez votre nom et/ou titre de votre place de stationnement réservée.
- Évitez toutes les listes publiques, comme les annuaires téléphoniques et les listes de contacts scolaires.
- Restez en dehors des médias.
- Des interférences statiques dans votre téléphone, votre radio ou votre ordinateur peuvent indiquer que l'appareil est sur écoute. Achetez un détecteur de radiofréquences bon marché pour vérifier.

Si l'on recherche des informations sur vous, employez une ou plusieurs des tactiques suivantes :

- Soyez direct. Dites : « Désolé, je ne sais pas. »
- Posez une question en retour, comme : « Pourquoi posez-vous la question ? »
- Changez de sujet.
- Référez la personne à une autre source. Par exemple, vous pourriez dire : « Je pense que Bill doit le savoir. »

Chapitre Connexe :

- Sécurité Numérique

AYEZ L'AIR PROTÉGÉ

Ne pas avoir l'air d'une victime évidente est bien, mais indiquer clairement que votre maison est sécurisée, c'est mieux.

Indiquez par divers signes que votre maison n'est pas une bonne cible. Votre maison doit avoir l'air mieux protégée que les autres maisons de votre rue.

Faites ce qui suit, même si tout est faux. À moins que vous ne soyez une cible spécifique, les criminels ne prendront pas la peine de le vérifier. C'est plus facile de se rabattre sur la maison suivante.

- Mettez des autocollants de sécurité sur les fenêtres près des portes et sur toutes les portes coulissantes.
- Accrochez un panneau de sécurité dans votre cour.
- Montez des caméras de surveillance. Si elles sont fausses, assurez-vous qu'elles ont des diodes clignotantes rouges fonctionnant sur piles.
- Posez des chaussures pour hommes et/ou de grandes gamelles pour chien près des portes avant et arrière.
- Accrochez un panneau du genre « Intrus abattus à vue » et/ou « Attention au chien de garde ».
- Supprimer les signes d'absence. Ramassez le courrier, videz les poubelles et enlevez tout dépliant ou marquage. Les criminels marquent une maison à l'aide de ruban adhésif ou de signes en vue d'un vol potentiel.
- Si vous n'êtes pas chez vous, allumez des lampes à l'aide de minuteries décalées dans la cuisine et le salon en début de soirée, et dans les chambres la nuit.

SÉCURISEZ LES POINTS D'ENTRÉE

Plus vos points d'entrée sont sécurisés, plus il est difficile pour un criminel d'entrer dans votre propriété.

Barrières Extérieures

Votre première ligne de défense est votre cour de devant. Vous voulez une seule voie d'accès facile pour les visiteurs jusqu'à votre porte d'entrée, et nulle part ailleurs.

Vous pouvez y parvenir avec l'entonnoir. Aménagez un chemin évident du trottoir à votre porte d'entrée et placez des obstacles partout ailleurs.

Les obstacles peuvent être artificiels (mares, clôtures, mur en pierres ou parpaings) ou naturels (haies, buissons épineux, végétation dense).

Garage

Fermez et verrouillez toujours votre garage. Cadenassez-le si vous partez plus de quelques jours.

Gardez votre ouvre-porte de garage dans un endroit sûr, non visible dans votre voiture, et verrouillez toujours la porte entre votre maison et votre garage.

Un criminel habile peut facilement atteindre la cordelette d'ouverture manuelle de votre porte de garage. Attachez-la ou coupez-la.

Clés

Ne cachez jamais vos clés à l'extérieur et ne les laissez jamais dans votre voiture, même si elle est dans un garage sécurisé. Il est préférable de laisser plutôt un jeu de rechange à un voisin de confiance. Si vous perdez vos clés, changez immédiatement vos serrures.

Changez toutes les serrures extérieures lorsque vous emménagez dans une nouvelle maison ou un nouvel appartement.

Fenêtres

Installez des poignées solides sur toutes vos fenêtres et utilisez du plexiglas ou un film de sécurité pour rendre les vitres plus difficiles à briser.

Vérifiez que toutes les unités de climatisation murales sont sécurisées afin que les criminels ne puissent pas les retirer et se faufiler à travers l'espace.

Si vous installez des barreaux de sécurité, assurez-vous d'avoir toujours des moyens de vous échapper en cas d'incendie.

Étaler du gravier sous vos fenêtres à l'extérieur vous permettra d'entendre ses craquements si un intrus s'approche la nuit.

Portes Coulissantes en Verre

Les portes coulissantes en verre sont réputées faciles à franchir. Un écran de sécurité est indispensable.

Envisagez d'installer une barre de porte de patio (charley bar), qui est une barre spécialement conçue qui traverse la porte, la rendant résistante aux pieds-de-biche.

Portes Extérieures

Une porte extérieure est une porte qui permet l'accès de l'extérieur dans votre maison ou votre garage. Pour rendre votre maison plus sûre, procédez comme suit pour vos portes extérieures :

- Installez des portes solides avec des serrures solides.
- Installez un verrou à pêne dormant avec une gâche robuste et vérifiez qu'il est correctement posé, de sorte que le pêne pénètre complètement dans la gâche.

- Vissez les gonds et les serrures avec des vis à bois de huit centimètres et placez des goupilles de blocage sur les gonds afin qu'ils ne puissent pas être dégondés.
- Installez des écrans de sécurité et retirez toutes les portes pour chiens.

Vous pouvez également utiliser ces conseils pour votre pièce sécurisée.

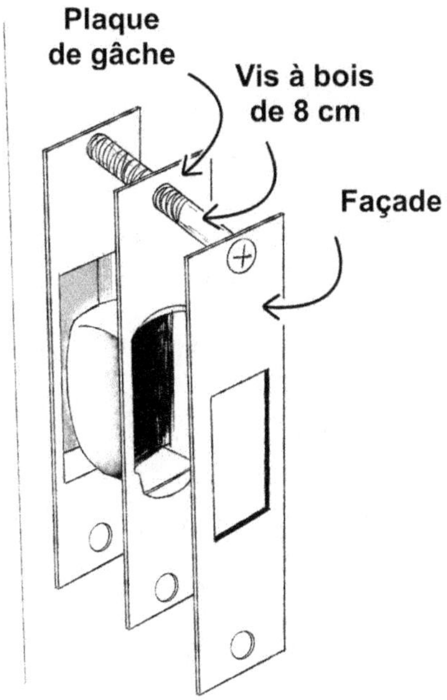

Hôtel/Bureau/Bâtiment Public

Utilisez toujours le verrou pour verrouiller votre chambre. Les serrures à chaîne et/ou à barre ne sont qu'un appui.

Les boutons de poignée à levier sont faciles à vaincre. Coincez une serviette sous la porte pour bloquer l'interstice, ou coincez-en une dans l'espace entre la poignée et la porte.

Barricades

La façon dont vous barricadez vos portes dépend de la façon dont elles s'ouvrent.

Pour les portes s'ouvrant vers l'extérieur, plantez un œillet dans le mur et faites passer un câble solide de l'œillet à la poignée. Lorsque la porte est tirée, le câble l'empêche de s'ouvrir.

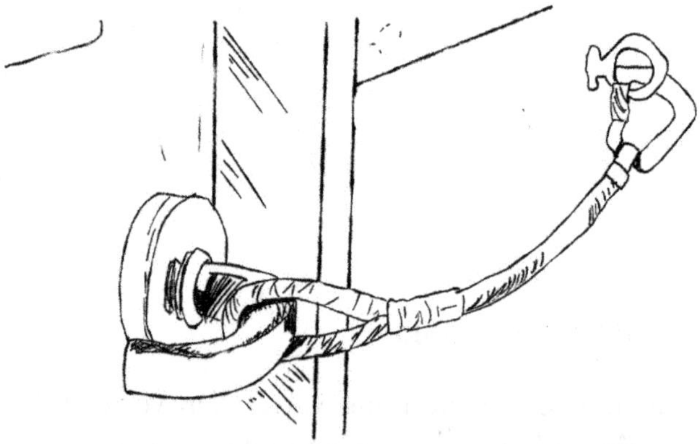

Dans une situation impromptue, attachez quelque chose entre la poignée de porte et un point fixe (de préférence) ou un objet lourd. Les câbles d'alimentation font de bonnes cordes improvisées.

Pour un ancrage à point fixe, tendez la corde au maximum.

S'il s'agit d'un objet lourd mais mobile, faites en sorte qu'il se coince s'il est tiré, de sorte que la porte ne puisse pas s'ouvrir.

L'objet n'a pas besoin d'être très lourd. S'il se coince et ne se brise pas facilement, cela fonctionnera. Un manche à balai fixé horizontalement en travers du cadre de la porte et attaché serré à la poignée de la porte ne s'enlèvera pas facilement.

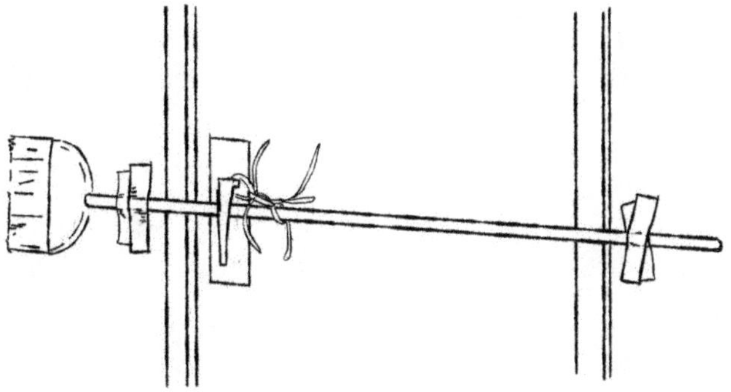

Avec les portes s'ouvrant vers l'intérieur, installez des œillets des deux côtés de la porte et enfilez un bâton à travers eux pour empêcher d'ouvrir la porte.

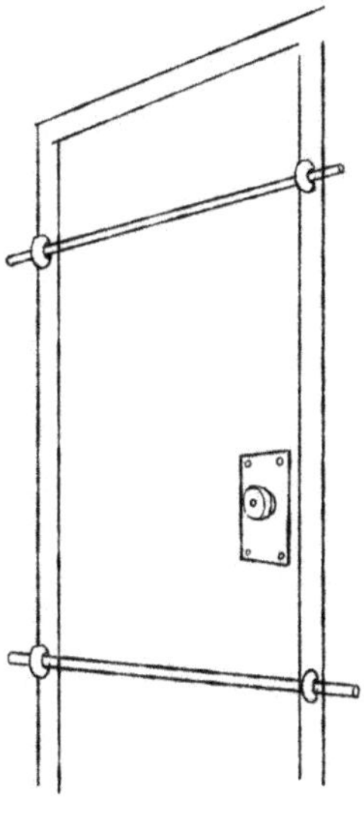

Si ce n'est pas faisable, ou pour des barrières supplémentaires en cas d'intrusion, effectuez autant des actions suivantes que possible :

- Barricadez la porte avec des meubles lourds.
- Placer des cales entre le cadre et la porte.
- Mettez des cales sous la poignée de porte.

AUGMENTEZ LA VISIBILITÉ

Vous désirez voir autant que possible autour de votre maison depuis vos fenêtres et/ou vos caméras de surveillance.

Pour ce faire, déterminez d'abord où vous ne pouvez pas voir. Observez les alentours en journée et la nuit pour détecter les angles morts et les cachettes potentielles, en particulier près des points d'entrée.

Une fois les angles morts repérés, supprimez tout ce qui obstrue votre vue. Vous devrez peut-être tailler le feuillage, par exemple.

Un éclairage vous aide à mieux voir et constitue un excellent moyen de dissuasion. Installez des projecteurs à détecteur de mouvement tout autour de votre propriété.

Caméras de Surveillance

L'installation de caméras de surveillance dans et autour de votre maison a un effet dissuasif et vous permet de collecter des preuves. Assurez-vous que vos caméras de surveillance sont inviolables en les plaçant hors de portée et dans un boîtier robuste. Faites de même pour votre éclairage.

Une focale étroite (passages ou portes) est bonne pour visualiser les visages, tandis que les prises de vue grand angle de votre cour capteront les véhicules.

Revoyez régulièrement les images (tous les dimanches matin, par exemple). Vous pouvez également surveiller vos caméras en direct via une application sur votre smartphone. C'est idéal pour vérifier votre réseau interne depuis votre chambre si vous entendez un bruit, ou si vous avez des ouvriers dans votre maison pendant que vous êtes absent.

Dispositif D'écoute de Fortune

Si vous souhaitez espionner quelqu'un, utilisez une mini aide auditive pour amplifier votre audition.

Vous pouvez également transformer un casque (ou n'importe quel haut-parleur) en appareil d'écoute. Commutez les fils positif (rouge) et négatif (noir) qui vont dans l'écouteur. Branchez la prise audio sur un appareil d'enregistrement ou un téléphone portable.

Un enregistreur numérique à commande vocale n'enregistrera que lorsque les gens parlent à haute voix.

Si vous souhaitez écouter la conversation en temps réel, utilisez un téléphone portable configuré pour répondre automatiquement. Mettez-le en mode silencieux et appelez-le lorsque vous souhaitez écouter.

INSTALLEZ DES SYSTÈMES D'ALERTE

Il existe plusieurs façons d'installer des systèmes d'alerte précoce qui vous avertiront des intrusions.

L'éclairage par détecteur de mouvement est une précaution minimale. L'installation d'un système d'alarme est également une option. Assurez-vous qu'il est sans fil et inviolable.

Surveillance de Quartier

Créer ou participer à un programme de surveillance de quartier applique le principe de « la sécurité par le nombre » et bâtit une communauté de confiance. Cela présente de nombreux avantages :

- Les voisins peuvent s'avertir mutuellement d'activités inhabituelles.
- Votre famille saura dans quelle(s) maison(s) elle peut aller s'abriter en cas de besoin.
- Il est plus facile de résoudre les conflits entre voisins si vous êtes en bons termes.

Chiens

Il existe deux types de chiens à envisager en vue de la sécurité.

Un chien de garde est un bon système d'alarme. Il fera beaucoup de bruit devant des intrus tout en restant (généralement) amical.

Un chien de défense constitue également un système d'alarme, mais il est plus susceptible d'attaquer des intrus. La plupart des races de chiens de défense sont plus imposantes que les chiens de garde.

L'un ou l'autre type de chien est un bon choix, et vous pouvez choisir une race spécifique en fonction des caractéristiques que vous souhaitez. Les bâtards sont également utiles et ont souvent moins de problèmes de santé.

Un chien de garde ou de défense efficace n'a pas besoin d'être trop gros, mais tout ceux qui sont trop petits ne dissuaderont pas la plupart des criminels.

Quoi que vous décidiez, dressez correctement votre ou vos chien(s) avec un renforcement positif et prenez ses aboiements au sérieux. Commencez par un entraînement de base en obéissance (assis, pas bouger, viens, etc.).

Tous les chiens de garde feront instinctivement du bruit en cas d'intrusion. Certains chiens de défense peuvent simplement s'asseoir et grogner. Encouragez-les à enquêter instinctivement et sur ordre en cas de bruits bizarres (« Va voir ») et à aboyer lorsqu'il y a des visiteurs. Entraînez également votre chien à cesser d'aboyer sur commande.

Selon la taille de votre propriété, promener votre chien deux fois par jour autour de ses limites est une bonne idée. Finalement, il les patrouillera seul tout au long de la journée.

Beaucoup de chiens ne vous protégeront pas instinctivement. Entraînez le vôtre à attaquer sur commande, et pas avant. Il doit également cesser d'attaquer sur commande.

La loyauté de votre chien viendra de votre amour et de votre discipline à son égard. Traitez-le bien et il sera plus apte à prendre des risques pour vous.

Alarmes à Déclencheur

Les alarmes à déclencheur sont utiles à installer partout où vous pensez qu'un intrus pourrait s'approcher et/ou dans des lieux que vous estimez insuffisamment sécurisés, comme les coins sombres et les entrées de remises, ou à travers les fenêtres et les clôtures.

Pour installer une alarme à déclencheur, vous n'avez besoin que d'un fil de pêche et d'une alarme panique à goupille bon marché. Assurez-vous que l'alarme est puissante et étanche.

Pour les alarmes à déclencheur au niveau du sol, attachez l'alarme à un arbre (ou autre) à hauteur du tibia environ. Tirez le fil de pêche depuis la goupille jusqu'à un autre arbre à travers le chemin que vous souhaitez sécuriser. Il doit être tendu mais pas trop, sinon vous risquerez davantage d'avoir de fausses alarmes.

Phrase de Panique

Ayez une phrase de panique familiale à communiquer entre vous lorsqu'un danger survient et/ou que de l'aide est nécessaire sans que cela soit évident. Par exemple, s'il y a un intrus dans la maison, vous pouvez prononcer la phrase de panique pour avertir les membres de la famille de ne pas rentrer à la maison et d'appeler à l'aide.

PLANIFICATION ET PRÉPARATION

Un plan est une série d'étapes prédéfinies que vous suivrez pour atteindre un résultat précis.

La préparation consiste à utiliser les informations de votre plan pour vous préparer le plus possible avant d'agir.

Dans presque tous les domaines de la vie, la planification et la préparation augmentent les chances de réussite. Dans le contexte des sujets abordés dans ce livre, réussir signifie échapper au danger.

CRÉATION DE PLANS

Établir des plans correctement dans la vie de tous les jours est le meilleur moyen d'intérioriser le processus. De cette façon, si vous devez élaborer un plan en plein stress, vous le pourrez.

Au cours de ces étapes, évaluez la situation de manière objective. Fiez-vous d'abord aux faits et ensuite aux expériences passées.

Si vous n'avez pas le temps, suivez le processus du mieux que vous pouvez. L'esprit humain est incroyable, et vous pouvez faire des calculs intelligents très rapidement.

Décidez de Votre Objectif

Sans un objectif clair, vous ne pourrez pas imaginer la meilleure façon d'y parvenir.

Évaluez les Forces et Faiblesses

Évaluez vos forces et vos faiblesses, ainsi que celles de votre équipe et de votre ennemi (le cas échéant).

Envisagez :

- Les compétences.
- Les ressources dont vous disposez, telles que des outils, des armes et des personnes.
- Les ressources dont vous avez besoin.
- Les obstacles connus, probables et/ou possibles.

Formulez Plusieurs Plans Possibles

La création de plusieurs plans empêche une vue étroite. Cela vous donne également des plans de réserve. Vous n'avez pas toujours le temps de créer plus d'un plan, mais si c'est le cas, faites-le.

Prévoyez les Résultats

Prévoyez les résultats de chaque plan, en pesant les pours et les contres. Les contres doivent comporter toutes les conséquences négatives possibles.

Priorisez vos Plans

Choisissez ce que vous pensez être le meilleur plan en fonction de ses chances de succès. Des plans simples impliquent généralement moins de choses qui peuvent mal tourner. Choisissez également deux plans de réserve par ordre de préférence.

Analysez vos Plans

Analysez en détail chacun des plans que vous avez choisis. Répétez-les si les circonstances le permettent. Considérez toutes les choses qui peuvent mal se passer et revérifiez les détails.

PRÉPARATION

Une fois que vous avez finalisé vos plans, communiquez-les à quiconque a besoin de savoir (les membres de votre famille, par exemple) et commencez les préparatifs. Les préparatifs comprennent la collecte de ressources et la répétition de scénarios.

Collecter des Ressources

Pour collecter des ressources, rédigez une liste de toutes les choses dont vous avez besoin pour exécuter le plan efficacement et de comment les acquérir. Une fois que vous avez votre liste, allez chercher les articles qui y figurent.

Répétition

Répéter, c'est pratiquer le plan en temps réel. Cela enracine les actions nécessaires dans votre esprit, ce qui facilitera la réalisation du plan en période de stress. Essayez de créer un scénario aussi proche que possible du scénario réel. Cela vous aidera également à découvrir et corriger les défauts de votre plan.

Il n'est pas improbable que vous deviez opérer dans le noir à un moment donné. Par exemple, il pourrait y avoir une panne de courant la nuit, ou vos ravisseurs pourraient vous bander les yeux. Répétez en vue de cette éventualité. Fermez les yeux, portez un bandeau, entraînez-vous la nuit avec les lumières éteintes – comme vous préférez.

La capacité de vous déplacer chez vous dans l'obscurité est vitale, car elle vous donnera un avantage sur des intrus. Laisser les choses à leur place et la maison en ordre en général est fort utile dans ce cas.

Soyez conscient de la nécessité de pratiquer vos répétitions en toute sécurité. Cela ne devrait guère être un problème, car si quelque chose est trop dangereux à faire en répétition, alors cela ne vaut sans doute pas la peine d'essayer dans la vraie vie non plus.

ENTRAÎNEMENT

Une autre partie de la préparation est l'entraînement général de votre esprit et de votre corps.

Esprit

Entraîner votre esprit vous aidera à garder votre calme dans des situations stressantes. Faites-le avec une méditation régulière.

La respiration en carré est une méthode de respiration profonde conçue par Mark Divine. Vous pouvez la pratiquer pour vous calmer rapidement lors de situations stressantes et/ou comme forme de méditation respiratoire.

- Videz vos poumons de tout air.
- Gardez vos poumons vides pendant quatre secondes.
- Inspirez par le nez pendant quatre secondes.
- Tenez pendant quatre secondes.
- Expirez pendant quatre secondes.
- Répétez aussi longtemps que vous voulez ou en avez besoin.

Corps

Entraîner votre corps vous gardera physiquement fort. Cela fera moins de vous une cible (les prédateurs préfèrent s'en prendre aux faibles) et augmentera vos capacités de lutte ou de fuite.

Pour entraîner votre corps, vous devez bien manger et faire de l'exercice.

Ayez une alimentation équilibrée, comprenant beaucoup de légumes. Si vous désirez un régime alimentaire détaillé, visitez :

www.SurvivalFitnessPlan.com/Nutrition-Guidelines

Pour l'entraînement physique, exercez-vous en utilisant des compétences qui vous aideront à la lutte ou à la fuite, telles que l'autodéfense et/ou le parkour.

Comme routine d'entraînement de base, répétez les suivantes cinq fois. Faites-le au moins trois fois par semaine :

- Trente secondes de punchs agressifs non-stop sur un sac de boxe.
- Un sprint de 60 secondes.
- Trente secondes de repos.

GARDEZ LES OBJETS PRATIQUES À PORTÉE DE MAIN

Avoir quelques objets à portée de main peut faire une grande différence. Au minimum, gardez les objets suivants dans des endroits où vous vous trouvez souvent, comme votre chambre, votre voiture ou votre bureau.

- Une lampe de poche.
- Un téléphone et son chargeur.
- Une arme (pistolet, couteau, stylo en acier, bombe au poivre, batte de baseball).

KIT DE SURVIE SECRET

Un kit de survie secret est un ensemble d'objets que vous pouvez utiliser pour vous échapper et survivre, que vous dispersez et cachez sur votre corps. Ceci afin de vous donner une meilleure chance de conserver ces objets si vous êtes recherché.

Les meilleurs endroits pour cacher des choses sont là où on ne voudra pas chercher, comme dans les poils pubiens, les caries ou les fausses blessures.

D'autres possibilités comprennent :

- Chaussures (languette, semelle).
- Ourlets de vêtements.
- Ceinture.
- Cheveux.

Déterminez quel objet doit être accessible si vos mains sont attachées. Possédez au minimum :

- Une boussole bouton.
- De l'argent liquide.
- Une lampe de poche à LED.
- Une paracorde.
- Des trombones.
- Un poncho.
- Un smartphone.
- Un stylo « tactique ».
- * Un cabillot.
- * Un briquet.
- * Une lame de rasoir.

Certains éléments supplémentaires sont envisageables :

- Des épingles à cheveux.
- De la nourriture.
- Une clé de menottes.
- Une carte de la région.
- Des tablettes pour purifier l'eau.
- *Un couteau.

*Ces objets peuvent ne pas franchir les portiques de sécurité, mais ils sont bon marché, donc s'ils sont confisqués ou si vous devez les jeter, ce n'est pas grave.

Boussole Bouton

Une boussole rendra vos déplacements beaucoup plus faciles, mais la plupart des boussoles bouton sont imprécises. Assurez-vous d'en obtenir une de haute qualité. Silva et Suunto sont des marques réputées.

Argent Liquide

Le dollar américain est la devise préférée à transporter, en plus de la devise locale. Les livres sterling ou les euros sont également largement acceptés. Cachez quelques billets plus petits et ayez un portefeuille factice que vos ravisseurs peuvent confisquer.

Lampe de Poche à LED

Une petite lampe de poche à LED peut vous aider à voir dans l'obscurité, à demander de l'aide et à attirer les poissons dans une situation de survie.

Paracorde

Remplacez vos lacets par de la paracorde et utilisez-la pour couper les liens, pêcher, réparer des objets, etc.

Trombones

Emportez plusieurs gros trombones résistants dans votre poche et/ou attachés à vos vêtements. Ils sont parfaits pour crocheter les serrures, ainsi que pour la survie. Vous pouvez par exemple en faire des hameçons improvisés.

Poncho

Un poncho en plastique transparent est utile pour s'abriter, récupérer de l'eau et plus encore. Malheureusement, il n'est pas pratique d'en transporter un partout à moins d'avoir un sac à dos.

Smartphone

Le smartphone moderne est l'outil ultime d'évasion et de survie, jusqu'à épuisement de la batterie. Ce sera également la première chose à être confisquée. Certaines choses que vous pouvez faire avec :

- Appeler à l'aide.
- Naviguer avec la boussole intégrée et/ou le GPS.
- S'en servir de lampe de poche.
- Prendre des notes et des photos.
- Conserver des livres électroniques, tels que des guides de survie et de premiers secours.
- S'en servir comme miroir à signaux improvisé.
- Allumer un feu avec la batterie. Ne le faites que si vous n'avez rien d'autre pour cela.

Stylo « Tactique »

Le meilleur stylo tactique est celui que vous porterez. N'importe quel simple stylo en acier inoxydable fera l'affaire. Recherchez-en un avec les caractéristiques suivantes :

- Il est rechargeable.
- Il écrit bien.
- Il a un clip.
- Il a un dessus plat.
- Il est facile à remplacer/peu coûteux.
- Il peut passer pour un stylo normal.

La plupart des stylos tactiques sur le marché ne remplissent pas toutes ces exigences, en particulier la dernière. Quelques-uns les remplissent, dont :

- Zebra 701.
- Zebra 402.
- Parker Jotter.
- Fisher Space Military Pen (celui-ci est un peu plus cher, mais toujours moins de 20 $).

Cabillot

Un cabillot vous aidera à allumer un feu en cas d'urgence.

Assurez-vous d'en avoir un en fer, plutôt que du silex ou du magnésium, car il est plus facile de provoquer une étincelle sans le percuteur spécial.

Un cabillot n'est pas aussi simple à utiliser qu'une tige plus courante, mais vous pouvez l'attacher aux vêtements (comme une attache de fermeture Éclair, par exemple), ce qui le rend moins susceptible d'être confisqué.

Briquet

Tant qu'il ne se mouille pas, il est plus facile d'allumer un feu avec un briquet qu'avec un cabillot en fer.

Vous pouvez également l'utiliser comme explosif de diversion improvisé, pour appeler à l'aide et pour vous défendre.

Lame de Rasoir

Une lame de rasoir est la meilleure chose après un couteau et est plus facile à cacher.

Épingles à Cheveux

Les épingles à cheveux font de bons crochets improvisés et fonctionnent mieux que les trombones sur certaines serrures.

Nourriture

Une barre nutritionnelle riche en calories peut vous aider grandement lorsque vous êtes bloqué.

Clé de Menottes

Les clés de menottes sont faciles à cacher et permettent de se libérer de menottes beaucoup plus facilement. Selon l'endroit où vous vous trouvez, il peut être illégal pour vous d'en posséder.

Carte de la Région

C'est très utile pour vous déplacer et comme papier à lettres en dernier recours. N'abîmez jamais une carte au point de ne plus pouvoir la lire.

Tablettes pour Purifier L'eau

Boire de l'eau est essentiel à la survie, mais boire de l'eau contaminée vous rendra malade (ou pire). Pour éviter de désagrément, emportez des tablettes de purification d'eau, qui sont petites, fiables et simples d'emploi.

Couteau

Un bon couteau est de loin le meilleur outil de fuite, d'évasion et de survie qui soit. Un couteau multifonction ou un canif n'est pas aussi bon, mais c'est mieux que rien et toujours très utile.

Chapitre Connexe :

- Crocheter des Serrures

SAC DE FUITE

Un sac de fuite est un simple sac de fournitures que vous pouvez rapidement saisir et emporter en cas de besoin. Il s'agit essentiellement d'un kit de survie avec au moins plusieurs jours de provisions. Il doit avoir la capacité de vous procurer eau, nourriture, abri/chaleur, feu, secours, santé et sécurité. De nombreux objets qu'il contient seront de nature courante, mais lorsque vous le préparerez, vous devrez également tenir compte des événements probables dans votre région. De cette façon, quelle que soit l'urgence, vous pouvez attraper votre sac de fuite (si c'est sans danger) et décamper.

Tout le monde dans votre foyer, y compris vos animaux de compagnie, devrait avoir son propre sac de fuite, et devrait le garder dans un endroit facile d'accès en cas d'urgence. Sous le lit ou près de la table de chevet sont de bonnes options.

Attribuez la responsabilité des animaux domestiques, des nourrissons, etc., et de leurs sacs de fuite. Faites-le maintenant, afin qu'il n'y ait pas de confusion en cas d'urgence.

Que Mettre dans Votre sac de Fuite

Le contenu exact de votre sac dépendra de ce que vous utilisez sans peine et des événements qui, selon vous, sont les plus susceptibles de se produire. Vous pouvez également ajouter des articles personnels et/ou de confort si vous avez assez de place et supportez son poids (vous devrez peut-être le porter toute la journée, tous les jours). Le sac lui-même doit être confortable et solide.

Une fois que vous avez préparé votre sac de survie, assurez-vous de remplacer les denrées périssables tous les quelques mois.

Voici une liste d'objets à envisager d'inclure dans votre sac de survie :

- Des espèces (petites coupures).
- Un couteau (en acier).
- Un outil multifonction.
- Un litre d'eau (minimum).
- Un filtre à eau (portable/ pour randonnée).
- Des aliments (à longue conservation et prêts à manger ; pensez aux barres énergétiques, aux fruits secs, aux multivitamines et aux mélanges d'électrolytes).
- Un ensemble de vêtements de rechange.
- Une couverture de survie.
- Un poncho (le blanc transparent est préférable).
- Des briquets.
- Une tige de fer.
- Une lampe de poche (lampe frontale).
- Un sifflet.
- Une radio à ondes courtes avec AM/FM (à piles et compacte).
- Des piles.
- Un téléphone portable comportant un GPS (avec carte SIM et chargeur ; un téléphone prépayé à bas prix est idéal).
- Des cartes.
- Une boussole.
- Une trousse de premiers secours (avec antibiotiques).
- Des articles de toilette (essentiels).
- Un nécessaire de couture.
- Du ruban adhésif.
- Une paracorde (5 m).
- Une arme et des munitions (si c'est légal).
- Un bloc-notes et des stylos/crayons.
- Des sacs en plastique.
- Des photocopies de documents importants (voir à la fin de ce chapitre).

- Des lunettes de natation.
- Un masque P100 avec aération.
- Articles pour besoins spéciaux.

Pour les nourrissons :

- Des aliments adéquats/du lait maternisé.
- De l'eau.
- Des vêtements.
- Des jouets/des doudous.

Pour les animaux :

- De la nourriture.
- De l'eau.
- Une laisse.
- Un jouet.

C'est une bonne idée d'avoir une cage pour votre animal de compagnie et de l'entraîner à dormir dedans. De cette façon, il n'aura pas de mal à rester dedans lorsque vous devez partir à la hâte. Gardez son sac de survie au-dessus de la cage.

CACHES

Une cache est un dépôt caché de fournitures.

Vous pouvez avoir des caches dans votre maison, aux points de ralliement, le long de vos itinéraires de fuite, ou en tout endroit que vous jugez sensé.

Vous pouvez également avoir différents caches pour différentes choses, soit pour séparer les éléments, soit pour les rassembler en vue de scénarios spécifiques.

Conteneurs

Le conteneur que vous choisissez pour votre cache doit protéger les objets que vous stockez. Il doit être étanche, hermétique et résistant à la corrosion. Les autres caractéristiques à prendre en compte dépendent de la facilité d'accès et de l'endroit où vous allez le cacher. Par exemple, est-il possible de l'enterrer ?

Un tuyau en PVC aux extrémités scellées est un choix populaire car il est durable, peu coûteux et facile à étanchéifier, mais toute autre boîte durable fera l'affaire tant que vous la scellez correctement. S'il possède une doublure en caoutchouc, cela facilitera votre travail. Testez les scellements en plongeant la cache dans de l'eau chaude pour voir s'il y a des bulles.

Protection Supplémentaire

Imperméabilisez chaque objet avant de le mettre dans la cache étanche. Vous pouvez utiliser des sacs poubelles résistants, du scellage sous vide, des feuilles plastique et du chatterton, etc. Avant de sceller les objets, ajoutez des sachets dessiccants et évacuez autant d'air que possible.

L'ajout de dessiccant absorbera l'humidité résiduelle. Les sachets de gel de silice sont courants et bon marché. Mettez 5 g pour 3,5 l d'espace. En cas de doute, ajoutez-en.

Il existe de nombreux autres dessiccants, qui peuvent ou non fonctionner aussi bien. Parmi ceux-ci, il y a le riz, le sel, la zéolite, le sulfate de calcium et la litière pour chat.

Dissimuler Votre Cache

L'accessibilité est un facteur important pour décider où dissimuler votre cache. Vous devez pouvoir y accéder en cas d'urgence, ainsi que pour la maintenance.

Un autre facteur est la dissimulation. Placez la cache dans un endroit qui n'est pas évident, mais qui est facile à repérer pour vous. Enterrer votre cache est une bonne option, surtout si c'est en dehors de votre propriété. Si vous avez besoin d'un accès occasionnel, envisagez un enfouissement peu profond. Par exemple, placez-le dans une petite dépression sous un gros rocher.

Si la cache est sur votre propriété, vous pouvez la dissimuler dans vos murs ou votre toit.

Il y a d'autres options, comme la cacher sur votre lieu de travail, dans un conteneur de stockage, dans une boîte postale, sur un toit ou même sous l'eau (si vous avez un bateau amarré au port local, par exemple).

Voici quelques endroits à éviter :

- Une propriété privée qui ne vous appartient pas (sauf si vous la louez, auquel cas, restez anonyme si possible et ne manquez jamais un loyer).
- Des endroits peuplés (parcs, plages, voies d'accès aux véhicules).
- Des bâtiments abandonnés.
- N'importe où comportant des caméras de surveillance.

- Des lieux susceptibles d'être aménagés dans le futur (hors agglomération).

La façon dont vous stockez votre cache déterminera également son emplacement. Par exemple, si vous l'enterrez, évitez de choisir un sol contenant des obstacles, telles que des rochers, de grosses racines d'arbres ou des tuyaux.

Vous éviterez également les sols très humides ou propices au ruissellement de la pluie. En général, ne l'enterrez pas dans les basses terres.

Où que vous choisissiez, vous devez explorer l'endroit avant d'y placer réellement votre cache. Décidez d'abord d'une zone possible depuis chez vous à l'aide de Google Maps/Earth. Ensuite, allez-y pour l'évaluer davantage. Vérifiez soigneusement où vous pensez planquer/enterrer votre cache, ainsi que le degré de sécurité de la zone.

Vous devrez y apporter la cache et les outils et avoir assez de temps pour la planquer (ou l'enterrer) sans que personne ne vous voit. Surveillez l'endroit à différents moments également, au cas où le niveau d'activité changerait le week-end par rapport aux jours de semaine, ou la nuit par rapport à la journée.

Une fois que vous avez un emplacement correct, vous devrez vous rappeler où il se trouve. Peut-être que vous pourrez vous en souvenir sans aide-mémoire, mais je ne compterais pas uniquement là-dessus, à moins que vous n'ayez une mémoire photographique. Les choses (surtout vos souvenirs) changent avec le temps. Une meilleure idée est d'écrire des instructions non spécifiques que vous seul comprenez, mais qui seront sans objet pour autrui. D'autres options consistent à conserver l'emplacement dans votre GPS, à noter ses coordonnées sur une carte et/ou à inclure un petit tracker Bluetooth dans la cache.

Garder le Secret

Il ne sert à rien de dissimuler une cache si d'autres gens sont au courant. En fait, ne dites même à personne que vous comptez le faire. Si vous habitez dans une zone rurale où la rumeur se répand aisément, achetez vos fournitures dans une autre ville.

Lorsque vous dissimulez physiquement (ou accédez à) votre cache, vous devez être aussi discret que possible. Faites-le au crépuscule ou à l'aube un dimanche ou un lundi, et portez des gants pour éviter les empreintes digitales. Utilisez une lampe de poche uniquement en cas de besoin et assurez-vous que l'éclairage est rouge ou bleu (n'utilisez jamais de lumière blanche). Assurez-vous de ne laisser aucune trace de votre présence. Cela signifie garer votre voiture à l'écart et rejoindre l'endroit à pied sans tracer un sentier évident. À moins que vous n'enterriez votre cache, vous devez également envisager des moyens de la camoufler.

Assurez-vous qu'aucun appareil GPS (téléphone, voiture, etc.) n'enregistre où vous allez, et inventez une couverture au cas où quelqu'un se présenterait. Par exemple, racontez que vous menez un projet de capsule temporelle ou une chasse au trésor avec un détecteur de métaux. Prenez du matériel pour confirmer votre couverture, et assurez-vous d'avoir de la nourriture et de l'eau.

Si vous devez accéder à votre cache, prenez les mêmes précautions. Utilisez toujours un chemin d'entrée/sortie différent (pour éviter de tracer des sentiers) et minimisez l'accès à celle-ci. Plus vous accédez souvent à votre cache, moins elle est sécurisée. Pour améliorer la sécurité, vous pouvez également créer des leurres et/ou de fausses directions, par exemple en enterrant une couche de déchets au-dessus du cache.

Fournitures de Voiture

Vous pouvez stocker des fournitures supplémentaires dans votre voiture. Gardez-les dans le coffre par sécurité, sauf les deux derniers articles que vous devrez avoir à portée de main en cas d'urgence.

- Des couvertures.
- De la nourriture, de l'eau, des lampes de poche et des piles supplémentaires.
- Du carburant.
- Des outils de récupération et de réparation.
- Du divertissement (livres, cartes, ordinateurs portables, etc.).
- Des chargeurs.
- Un petit extincteur.
- Un brise-vitre.

Ne mettez pas vos sacs de fuite personnels dans le coffre. Gardez-les à portée de main au cas où vous auriez besoin de quitter votre voiture rapidement.

Documents Importants

Rassemble tous les documents suivants. Conservez les originaux dans un coffre-fort ignifugé (ou dans tout autre endroit sûr) et informez votre famille de leur emplacement. Photocopiez tout et conservez les photocopies dans votre sac de fuite. Assurez-vous que tout est à jour.

- Votre testament.
- Vos procurations.
- Les contacts d'urgence/importants (numéros et adresses).
- Votre passeport (ou autre pièce d'identité si vous n'en avez pas).
- Vos assurances.
- Un justificatif de domicile (facture d'un service public).
- Un accès aux finances (ne gardez pas de photocopie de ceci dans votre sac de fuite).
- Une fiche de renseignements personnels, écrite et audio.

Une fiche de renseignements personnels est une feuille simple qui aidera les sauveteurs à vous trouver et/ou à vous identifier. Chaque membre de la famille doit rédiger à la main sa propre fiche de renseignements et en faire un enregistrement audio. Ainsi les sauveteurs auront des échantillons de votre écriture et de votre voix.

Votre feuille/enregistrement doit comporter les éléments suivants :

- Nom.
- Surnom(s).
- Lieu de naissance.
- Date de naissance.
- Adresse.
- Numéro de téléphone.
- Description physique (y compris des identifiants spécifiques comme des tatouages ou des taches de naissance).
- Ordonnances (yeux, médicaments).
- Instructions pour les ordonnances.
- Véhicule (couleur, type, numéro d'immatriculation).
- Adresses et contacts de l'école/du travail.
- Coordonnées des amis/parents les plus proches.
- Passe-temps.
- Éducation.

Chapitre Connexe :

- Points de Ralliement

POINTS DE RALLIEMENT

Un point de ralliement est un endroit désigné au préalable pour que votre groupe se retrouve en cas de problème. Il ne s'agit pas strictement d'un « objet », mais il est pratique de le « conserver ».

Il existe plusieurs types de points de ralliement, et il est courant d'avoir des points de ralliement différents pour des situations différentes. Si vous avez plusieurs points de ralliement, prévoyez quand et comment utiliser chacun d'eux.

Pensez à stocker à vos points de ralliement permanents des fournitures de base, telles que de la nourriture, de l'eau et des lampes de poche.

Ne dévoilez jamais l'emplacement de vos points de ralliement à des étrangers.

Points de Ralliement Temporaires

Attribuez un point de ralliement temporaire chaque fois que vous êtes dans un nouvel endroit. Faites en sorte que l'endroit facile à trouver, avec un point de repère. La plupart des gens le font, en disant des choses comme « Si nous nous séparons, rendez-vous à l'entrée du centre commercial à 15 h 30 » ou « Si vous vous perdez au supermarché, passez à la caisse n°6 ».

Point de Ralliement Principal

Ce point de ralliement est l'endroit où vous pouvez vous retrouver après avoir échappé à un incident, comme un incendie ou une violation de domicile. Choisissez un endroit relativement proche et sûr, comme la maison d'un voisin de confiance ou une station-service locale ouverte 24 h / 24. Décidez quand vous rendre au point de ralliement, ainsi que :

- Combien de temps y attendre avant de vous rendre à votre point de ralliement secondaire.
- Quand l'éviter et aller directement au point de ralliement secondaire.

Point de Ralliement Secondaire

Il s'agit d'un point de ralliement alternatif auquel vous pouvez vous rendre lorsque le point de ralliement principal n'est pas atteignable. Ce devrait être un lieu public, mais pas un lieu où il est évident que vous iriez – un bar que vous ne fréquentez jamais, par exemple. Il doit également être facile d'accès depuis des lieux courants tels que la maison, le travail ou l'école.

Planques

Les planques ne sont pas vraiment des points de ralliement, car vous allez y demeurer un certain temps.

Dans la plupart des cas, vous retrouverez votre famille à un point de ralliement, puis vous gagnerez votre planque, mais vous pourrez également vous retrouver directement sur place.

Il faudra peut-être stocker de la nourriture, de l'eau, une trousse de premiers secours et d'autres fournitures dans votre planque.

Voici des exemples de bonnes planques :

- Des bâtiments abandonnés que vous avez déterminés comme sûrs.
- Une chambre d'hôtel (mais vous ne pourrez pas y stocker de fournitures).
- Une propriété « secrète » hors de la ville ou dans une ville voisine.

Routes

Il faut prévoir plusieurs voies d'entrée et de sortie vers et depuis tous les points de ralliement, et aussi définir les meilleurs moments pour aller et venir sans éveiller les soupçons. Tout cela dépendra de la situation.

Chapitre Connexe :

- Violation de Domicile

PLANS D'ÉVASION

Cette section contient une sélection de plans à suivre dans diverses situations, ainsi que des informations supplémentaires. Appliquez ces plans tels quels ou adaptez-les à vos besoins.

PLAN GÉNÉRAL D'ÉVACUATION D'URGENCE

Prévoyez un plan de fuite à chaque fois que vous entrez dans un nouvel espace. Déterminez :

- Trois choses que vous pourriez utiliser comme arme.
- Où se trouvent les points de sortie et lesquels utiliser. Désignez une sortie principale et une de secours.
- Des points de ralliement temporaires (si vous êtes en groupe).

Chapitre Connexe :

- Points de Ralliement

APPELER LES SERVICES D'URGENCE

Apprenez les numéros d'urgence du pays dans lequel vous vous trouvez.

Assurez-vous que les enfants peuvent atteindre le téléphone et savent s'en servir en cas d'urgence. Laissez une liste de numéros d'urgence à proximité.

Lorsque vous appelez les services d'urgence, parlez clairement et lentement, en utilisant le format suivant :

- J'ai besoin de (indiquer le service d'urgence) à (lieu).
- Mon numéro de téléphone est (facultatif, mais recommandé pour qu'ils puissent vous rappeler si besoin).
- Décrivez l'incident et donnez toute information complémentaire pertinente, telle qu'une description de la victime et/ou du coupable, des détails sur les blessures ou le numéro de téléphone du plus proche parent.

Ne raccrochez pas avant d'y être invité, au cas où le personnel d'urgence aurait besoin de vous donner des instructions.

Si vous ne pouvez pas parler, appelez et laissez le téléphone décroché pour qu'ils puissent écouter. Tapez SOS en Morse sur le micro si vous le pouvez. Même s'il y a un silence de mort, ils peuvent retracer l'appel.

Une autre option consiste à envoyer l'information à tous vos contacts par un SMS collectif. Commencez votre texte par « Ce n'est pas une blague. Envoyez la police. »

Mettez votre téléphone en mode silencieux, au cas où l'un de vos contacts vous rappellerait.

Pour cacher le fait que vous appelez la police, faites comme si vous parliez à quelqu'un d'autre, comme votre mère ou votre conjoint.

Sonnez naturel en répondant aux questions du répartiteur. Pour ce faire, répondez directement à la question, puis ajoutez du contenu improvisé. Par exemple :

- **Répartiteur :** Quelle est l'urgence ?
- **Vous :** Bonjour chéri. Je confirme juste qu'on se retrouve pour le dîner ce soir.
- **Répartiteur :** Avez-vous besoin de l'aide de la police ?
- **Vous :** Oui, bientôt s'il te plaît. J'ai déjà faim. Je passe devant (nom de la rue) en ce moment, je devrais donc pouvoir te retrouver à (nom du lieu) dans cinq minutes environ.
- **Répartiteur :** D'accord madame, nous retraçons votre portable. Vous pouvez arrêter de parler, mais ne raccrochez pas.
- **Vous :** D'accord, génial ; merci.

Si vous appelez les services d'urgence par erreur, ne raccrochez pas, sinon ils peuvent envoyer quelqu'un. Informez l'opérateur qu'il s'agit d'une erreur.

SE DÉFENDRE

Si l'on essaie de vous enlever, votre meilleure chance de survie est de vous défendre et de faire le plus de raffut possible. Une fois qu'ils vous ont fait monter dans leur véhicule, vos chances de vous échapper diminuent considérablement. Appelez à l'aide et attaquez votre ravisseur dans les zones vulnérables.

- Yeux (doigts plantés dedans).
- Aine (prise et torsion, coup de pied, de genou).
- Tibias (coup de pied).
- Doigts (torsion).
- Gorge/cou (coup de coude, enfoncement).
- Piercings (arrachez-les).

Sitôt libéré, courez vers une zone « sûre » (peuplée et ayant un bon éclairage). Renversez les choses en chemin pour faire obstacle entre votre ravisseur et vous.

Continuez à crier à l'aide pendant que vous courez et appelez les services d'urgence. Déclenchez les alarmes des voitures et des magasins en les frappant ou en brisant les vitres.

S'il n'y a pas de zones sûres et que vous trouvez une voiture déverrouillée, montez dedans et enfermez-vous. Donnez des coups de klaxon en mode SOS (… - - - …).

Se cacher sous une voiture garée est un bon dernier recours. Cramponnez-vous à quelque chose en dessous et balancez des coups de pied s'il essaie de vous attraper.

Il est important de se défendre, mais aussi de savoir quand s'arrêter. Lorsque vous savez que vous êtes vaincu, votre meilleure chance de survivre est de coopérer.

Cela évite d'autres blessures et/ou des contraintes corporelles sur vous-même, afin que vous puissiez profiter de la prochaine occasion de vous échapper.

Pour en savoir plus sur l'autodéfense, visitez :

www.SFNonFictionbooks.com/Foreign-Language-Books

AGRESSION SEXUELLE

Les chances d'être tuée lors d'une agression sexuelle sont plus élevées que lors d'un enlèvement contre rançon. Pour cette raison, ne criez que si vous pouvez être entendue ; sinon, votre agresseur peut vous faire taire.

Lui dire que vous avez une MST (herpès, hépatite B, SIDA) peut suffire à le dissuader. Soyez précise sur ce que vous avez pour que votre histoire soit plus crédible.

Si cela ne marche pas, et même si vous ne pouvez pas le repousser, faites de votre mieux pour obtenir des échantillons d'ADN (sang, peau, cheveux) pour qu'il soit plus facile à attraper par la suite.

Après l'agression sexuelle, il est important de conserver toute preuve. Ne dérangez pas la scène du crime et ne vous lavez pas jusqu'à ce qu'un médecin légiste vous l'autorise.

Rendez-vous dans un endroit sûr dès que possible (au cas où l'agresseur reviendrait), puis appelez la police (ou appelez-la en cours de route si vous avez un téléphone). Après avoir appelé les autorités, rédigez une description de votre agresseur. Faites-la tamponner avec la date.

Une fois que vous avez été « traitée » par les autorités, demandez conseil. Faites un bilan de santé trois mois après le viol pour vous assurer que vous n'avez pas contracté une maladie ou un mal à retardement.

Prévenir les Agressions Aexuelles sur les Enfants

Enseignez aux enfants ce qui suit pour minimiser les risques qu'ils soient agressés sexuellement :

- Qu'il vaut mieux dire non aux adultes s'ils demandent aux enfants de faire une chose dont vous leur avez enseigné qu'elle était mauvaise.

- De vous le dire si un adulte leur demande de garder un secret.
- Que personne n'a le droit de les toucher partout où un maillot de bain les couvrirait.
- De vous le dire si quelqu'un exhibe ses parties intimes.
- De ne pas traîner dans les toilettes. (Accompagnez-les toujours.)
- De ne pas approcher, aider ou accepter quoi que ce soit d'adultes inconnus.
- De ne pas entrer chez d'autres personnes sans votre permission.
- Comment prononcer la phrase panique.

Chapitre Connexe :

- Installez des Systèmes D'alerte

TRAQUEURS

Dans cette section, les termes « traqueur » et « filature » font tous deux référence à quelqu'un (ou à plusieurs personnes) qui vous suit. Il peut s'agir d'un harceleur traditionnel (quelqu'un ayant une obsession malsaine) ou d'une surveillance pour un futur crime. Les meilleurs moyens d'éviter un traqueur sont la sensibilisation et la randomisation :

- Regardez souvent autour de vous.
- Assurez-vous que personne ne vous suit lorsque vous quittez un immeuble.
- Changez vos horaires quand c'est possible.
- Empruntez différents itinéraires vers les endroits où vous vous rendez régulièrement.

Reconnaissance

Si vous remarquez les mêmes personnes et/ou voitures à plusieurs reprises sur une durée et/ou une distance significatives, c'est le signe que vous êtes filé, mais être capable de reconnaître les présences répétées de personnes et/ou de véhicules inconnus demande de la pratique.

Améliorez votre capacité à reconnaître les gens en notant mentalement des caractéristiques distinctives : taille, corpulence, traits du visage, cheveux, démarche, ce qu'ils transportent, etc. Observer leurs chaussures est utile. Les vêtements se changent souvent, mais pas les chaussures.

Faites de même avec les véhicules (marque, modèle, taille, couleur, numéro d'immatriculation, etc.). Faites particulièrement attention aux véhicules garés illégalement, à ceux ayant des occupants et aux personnes qui ne paraissent pas à leur place.

Confirmation

Si vous pensez être victime d'un traqueur, faites quelques tours et voyez s'il vous suit. En règle générale, s'il suit toujours après trois tours, c'est que vous êtes filé.

Vérifiez discrètement pendant que vous marchez en :

- Regardant les reflets dans les miroirs, les fenêtres et les objets brillants.
- Faisant volte-face (pour emprunter un escalator, par exemple) pour voir immédiatement dans la direction opposée.
- L'amenant dans un entonnoir, comme un couloir ou une autoroute. Faites attention à ne pas vous isoler en faisant cela, ou vous pourriez être attaqué.
- Empruntant des impasses (un cul-de-sac, par exemple).
- Ralentissant votre pas.

Si vous voulez être plus direct, retournez-vous et fixez-le. Un harceleur amateur sera confus et se trahira.

Action

Une fois confirmé que vous avez un traqueur, notez une description de la ou des personnes et du ou des véhicules impliqués. Après cela, vous devez décider de l'action que vous entreprendrez. Vous avez deux choix : l'affronter ou le semer.

Quel que soit votre choix, vous devez agir avant de rejoindre votre véhicule (si vous êtes à pied) ou d'arriver chez vous. Vous ne souhaitez pas lui donner la moindre information vous concernant, et surtout pas votre lieu de résidence.

L'affronter

C'est une bonne option si vous êtes dans un lieu public où il est peu probable qu'il vous attaque, et c'est souvent suffisant pour l'effrayer. Faites-lui savoir que vous savez qu'il vous suit sans l'accuser directement de quoi que ce soit. Demandez-lui l'heure ou dites : « Puis-je vous aider ? » S'il persiste, soyez plus direct. Dites-lui d'arrêter de vous importuner d'une voix forte et ferme, afin que d'autres vous entendent. N'ayez pas peur d'appuyer sur le bouton d'urgence si vous êtes dans les transports en commun, ou d'alerter les autorités.

Le Semer

Si l'affronter s'avère dangereux, ou si vous n'êtes pas sûr que la filature soit réelle, essayez de le semer.

L'un des moyens les plus simples est de se rendre dans un endroit sûr, comme un café, une bibliothèque ou un poste de police, et de l'attendre. Sur votre chemin, traversez des zones densément peuplées, car cela peut vous permettre de le semer naturellement. Un criminel opportuniste ne prendra sans doute pas la peine d'attendre pendant que vous déjeunez ou lisez un livre dans un café. Faites bien comprendre que vous vous installez pour un certain temps.

Vous pouvez également combiner cela avec la confrontation. Si vous vous asseyez dans un restaurant et que vous fixez simplement votre traqueur, il saura que vous l'avez vu. Vous pourriez également profiter de l'occasion pour demander à un ami de vous rejoindre.

S'il attend toujours quand vous partez, faites quelques tours rapides pour le semer. Une autre option consiste à entrer dans un bâtiment ayant plusieurs sorties, puis de le quitter par une autre sortie.

Si vous êtes en voiture, traversez une zone avec de nombreux feux et/ou panneaux stop.

Un changement rapide d'apparence vous aidera à semer une filature persistante. Faites-le un dès que votre traqueur vous perd momentanément de vue, par exemple lorsque vous tournez un coin ou que vous marchez dans une foule.

Voici quelques idées :

- Masquez votre visage avec un chapeau et des lunettes de soleil, un masque anti-poussière ou un sweat à capuche.
- Enlevez ou enfilez un manteau pour arborer d'autres couleurs et/ou motifs.
- Mettez des chaussures, un sac et/ou des accessoires.
- Changez d'attitude.

Menaces de Haut Niveau

Les informations contenues dans cette section s'appliquent lorsque vous avez affaire à un traqueur de longue date tel qu'un ex-petit ami, ou au harcèlement continu d'un individu ou d'un groupe.

- Variez vos habitudes et votre comportement.
- Procédez à une surveillance de la menace, qu'elle soit individuelle ou collective. Découvrez tout ce que vous pouvez (sans devenir vous-même un traqueur).
- Augmentez les niveaux de sécurité et d'alerte.
- Rompez tout contact avec le traqueur et demander à la famille et aux amis de faire de même.
- N'allez pas rendre visite à la menace en personne et n'exacerbez pas la tension de quelque façon que ce soit.
- Informez les gens de ce qui se passe (amis, famille, collègues, police). Tenez-les au courant de vos plans/itinéraires.
- Rassembler les preuves. Prenez des captures d'écran de son numéro de téléphone, faites des enregistrements de messagerie vocale et conservez des traces écrites avec dates et heures.
- Envisagez une ordonnance restrictive, bien que cela puisse empirer les choses si la personne est instable.

- Envisagez de déménager et/ou de disparaître définitivement.

Appels Téléphoniques Malveillants

La meilleure chose à faire face aux appels téléphoniques malveillants est de les ignorer. Raccrochez et bloquez le numéro. S'ils persistent ou s'il y a des menaces de violence, enregistrez les interactions, appelez la police et informez votre compagnie de téléphone. N'avouez jamais à l'appelant que vous êtes seul.

Chapitre Connexe :

- Disparaissez Définitivement

ROUTINE DE SÉCURITÉ À DOMICILE

Cette routine de sécurité à domicile garantit que votre maison est aussi sûre que possible contre les intrus, les incendies et autres catastrophes potentielles. Faites-la avant d'aller au lit ou de quitter la maison.

- Fermez et verrouillez toutes les portes et fenêtres (y compris le garage).
- Fermez tous les stores.
- Éteignez les lumières intérieures.
- Allumez les lumières extérieures.
- Débranchez les barres d'alimentation.
- Assurez-vous que tous les appareils à gaz sont éteints.
- Activez l'alarme de la maison.

Si tout le monde applique la routine de sécurité, il est facile de savoir si quelqu'un se trouve dans votre maison lorsque vous y arrivez. Si une fenêtre est ouverte ou s'il y a une voiture inconnue devant, c'est le signe d'une possible intrusion.

Si personne n'est censé être là, n'entrez pas chez vous. Contactez tous les membres de votre famille pour savoir si l'un d'eux est chez vous de façon impromptue ; si personne ne l'est, appelez la police et attendez chez un voisin de confiance qu'elle arrive.

RÉPONDRE AUX PORTES

Vous ne devriez jamais faire confiance à un visiteur sans l'avoir contrôlé au préalable. Même un ami de confiance peut être un appât malgré lui. Appliquez les conseils suivants pour répondre à la porte en toute sécurité.

Gardez un œil sur le visiteur sans déverrouiller la porte. Utilisez un judas, un écran de caméra ou une fenêtre. S'il s'agit d'un inconnu, parlez-lui à travers la porte/fenêtre fermée. Vous lui faites savoir que vous êtes à la maison, mais ne lui dites jamais que vous êtes seul.

Méfiez-vous des imposteurs. Vérifiez les éléments suivants :

- Identifiant de l'entreprise.
- Uniforme avec logo de l'entreprise.
- Véhicule de société.
- Suivi des colis

En cas de doute, appelez l'entreprise pour confirmer.

N'ouvrez jamais la porte la nuit à moins d'avoir identifié avec certitude les visiteurs attendus.

Lorsque vous ouvrez une porte à un inconnu, mettez tout votre poids derrière elle au cas où il tenterait soudainement de faire irruption.

Ne laissez pas des personnes non agréées entrer chez vous. Dans des circonstances normales, cette règle s'applique même à la police, à moins qu'elle ne présente un mandat de perquisition.

Pour minimiser le besoin d'ouvrir la porte, demandez que toutes les livraisons ne nécessitent aucune signature. Donnez des instructions sur l'endroit où un livreur peut laisser un colis ou choisissez de le récupérer vous-même dans un point-relais ou au bureau de poste.

VIOLATION DE DOMICILE

Quand l'un (ou plusieurs) de vos systèmes d'alerte est activé, vous et tous les autres membres de votre foyer devez agir immédiatement :

- Prenez votre sac de fuite (si possible).
- Dirigez-vous vers la pièce sécurisée.

Des personnes désignées peuvent avoir des rôles supplémentaires. Par exemple, ils peuvent être chargés de :

- Appeler la police.
- Trouver une arme.
- Aider les autres (jeunes enfants, personnes âgées, handicapés) à se rendre à la pièce sécurisée.
- Contrôler la maison.

Si vous n'avez pas de pièce sécurisée, fuyez par la porte opposée à celle par laquelle l'intrus est entré. Rendez-vous dans un endroit sûr et appelez la police.

Ne criez jamais « Qui est là ? » Cela permet à l'intrus de savoir que vous êtes seul.

Si vous vous réveillez avec un intrus dans votre chambre, faites semblant de rester endormi pour éviter une confrontation violente.

Contrôler Votre Maison

Pour contrôler votre maison, vous avez besoin d'une lampe torche et d'une arme. N'essayez pas de le faire sans cela.

Adoptez un emplacement défensif. C'est un endroit entre le ou les intrus potentiels et votre famille où vous allez vous mettre pour vous assurer que personne ne le franchisse. Le haut de l'escalier marche bien.

Criez un avertissement, comme : « La police a été appelée et j'ai une arme à feu. »

Une fois que vous pensez que le ou les intrus sont partis, vous pouvez contrôler la maison. Soyez lent, calme et très prudent.

Laissez les lumières éteintes. L'obscurité vous donne un avantage, puisque vous connaissez la disposition de votre maison. Utilisez votre lampe torche si nécessaire.

Contrôlez les pièces une par une. Vérifiez derrière tous les meubles et autres cachettes. Regardez souvent derrière vous.

Contrôlez les angles en « coupant la tarte » Cela signifie contrôler ce que vous voyez, puis un peu plus, puis un peu plus, etc. Vous vous déplacez progressivement autour du « périmètre de la tarte », en contrôlant chaque tranche au fur et à mesure.

À chaque pas de côté, scannez du sol vers le haut.

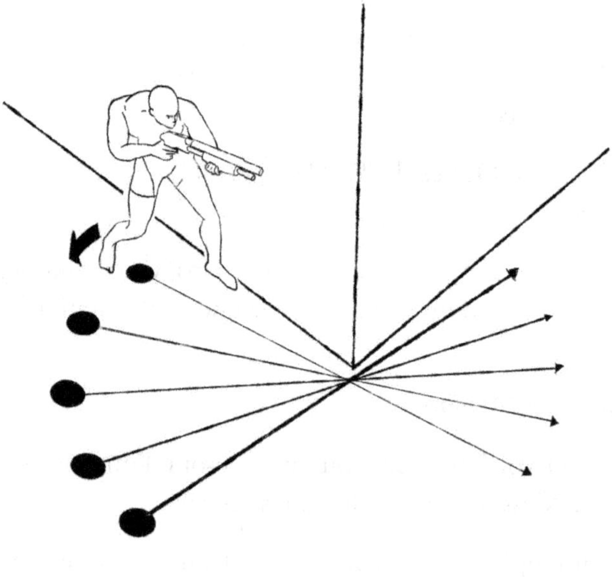

Pour contrôler une porte, coupez la tarte autant que possible avant d'entrer.

Franchissez rapidement la porte pour éviter « l'entonnoir fatal » où vous risquez le plus de vous faire tirer dessus. Une fois franchie, faites un pas de chaque côté, dos au mur, afin de pouvoir contrôler les coins de la pièce.

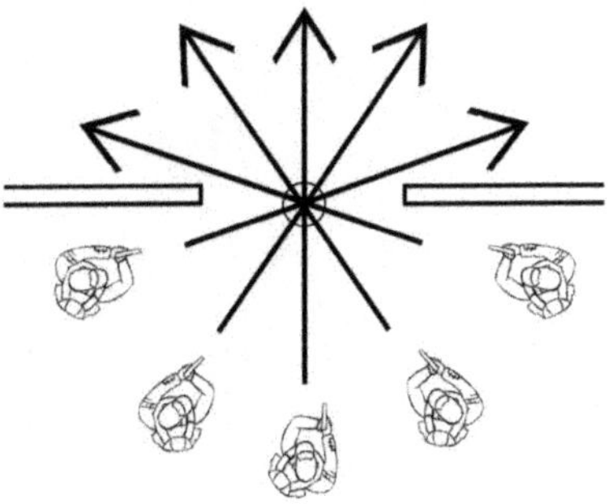

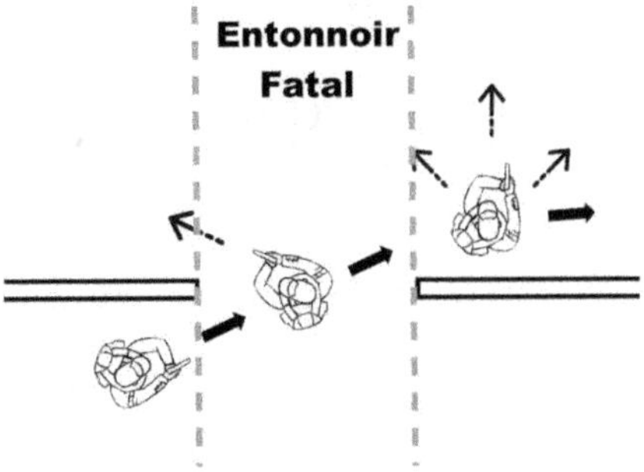

Pour contrôler un couloir en T, vérifiez un côté à la fois en coupant la tarte.

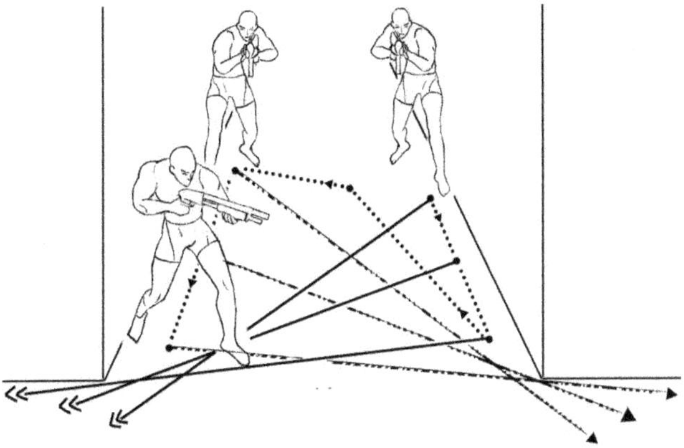

Si vous tombez sur un intrus, ne tentez de le maîtriser que si vous avez d'autres personnes en renfort.

Raid de Style Militaire

Lorsque le gouvernement ou des criminels bien organisés font une descente chez vous, à moins que vous ne puissiez vous échapper rapidement, votre meilleure chance de survie est la docilité. Restez immobile, les mains levées, et suivez les instructions. Ne donnez spontanément aucune information.

Chapitre Connexe :

- Attacher un Garde

COURRIER SUSPECT

Une bombe postale aléatoire ou une menace biologique est peu probable. Demandez-vous si votre style de vie ou votre carrière fait de vous une cible potentielle.

Même si vous n'êtes pas une cible de grande valeur, il vaut mieux être prudent. Recherchez les signes suivants de courrier suspect :

- Aucune adresse de retour.
- Taille, forme, poids ou texture inhabituels (collant, poudreux, etc.).
- Un nombre excessif de timbres-poste.
- Une odeur.
- Des fils ou ficelles.
- Des erreurs d'orthographe / une écriture brouillonne.
- Des fuites.

Si vous identifiez un courrier suspect, procédez comme suit :

- Ne secouez pas l'emballage.
- Couvrez-le, mais ne touchez aucun écoulement.
- Mettez-le dans un sac en plastique pour éviter tout écoulement.
- Quittez et sécurisez la pièce.
- Lave tes mains avec du savon et de l'eau.
- Contactez les autorités.
- Dressez la liste de toute personne qui était dans la pièce et donnez-la aux autorités (de santé et judiciaire).

ASCENSEURS

Être seul dans un ascenseur vous met dans un endroit vulnérable en raison de l'isolement. Tenez-vous près de la porte et des boutons. S'il entre quelqu'un envers qui vous avez un mauvais pressentiment, sortez rapidement. Si vous êtes attaqué, n'appuyez pas sur le bouton d'arrêt d'urgence. Appuyez plutôt sur tous les boutons d'étage. Appelez à l'aide et essayez de vous échapper dès que la porte s'ouvre.

CARJACKING

Voici comment vous donner les meilleures chances de rester en sécurité lors d'un carjacking. Beaucoup de ces conseils empêcheront également le vol de voiture en général.

Dans Votre Voiture

Vous êtes généralement en sécurité lorsque vous roulez. C'est lorsque vous vous arrêtez ou ralentissez que vous devez augmenter votre niveau d'alerte.

Ayez toujours une issue de secours. Pour vous assurer d'avoir assez de place pour dégager, laissez un espace suffisant pour voir les pneus du véhicule qui vous précède. N'hésitez pas à vous enfuir au besoin, même si vous devez sortir de la route.

Gardez vos vitres closes, les portières verrouillées et la vitesse de la voiture enclenchée. Si quelqu'un s'approche de votre voiture, parlez à travers la vitre. Si vous devez l'ouvrir, comme lorsqu'un policier vous le demande, ne l'abaissez qu'un tout petit peu.

Lorsque vous attendez dans un véhicule à l'arrêt (dans la circulation, par exemple), vérifiez fréquemment dans vos rétroviseurs si quelqu'un s'approche. Si vous êtes une femme, gardez un chapeau d'homme dans la voiture et portez-le si vous devez attendre seule la nuit (que l'on répare un problème mécanique, par exemple).

Parking

Le carjacking se produit souvent lorsque vous revenez à votre voiture garée. Pour éviter cela, garez-vous à l'envers dans des zones bien éclairées, loin de cachettes éventuelles et à proximité de la sortie du bâtiment ou des ascenseurs du parking.

Les antivols (alarme, antidémarrage, antivol de direction, tracker) sont de bons moyens de dissuasion supplémentaires.

Ne vous garez jamais là où vous pourriez être immobilisé ou remorqué. Si vous l'êtes, n'attendez pas dehors. Enfermez-vous au moins dans votre voiture.

Ne sortez jamais de votre véhicule sans vos clés.

À l'approche de votre véhicule garé, gardez vos clés en main, pointées entre vos doigts. C'est une bonne arme improvisée et le fait d'avoir vos clés en main permet d'entrer plus rapidement dans votre voiture.

Si votre voiture est équipée d'un déverrouillage à distance, ne l'utilisez pas avant d'être prêt à monter.

Si quelqu'un de suspect rôde près de votre voiture, faites demi-tour et marchez vers un lieu sûr. Demandez une escorte (par exemple, un agent de sécurité ou un magasinier) et/ou activez votre alarme à distance pour inciter la personne à s'éloigner.

Entrez et sécurisez votre voiture rapidement. Une fois dans une voiture verrouillée, vous pouvez vous organiser, vous et/ou vos enfants, mais ne vous attardez pas.

Si une portière de votre voiture a été fracturée, vérifiez en dessous et à l'intérieur avant d'entrer, au cas où quelqu'un s'y cacherait.

En cas D'attaque

En règle générale, et surtout devant un voleur armé, il est préférable de renoncer à votre voiture, plutôt qu'à vous-même ou aux autres passagers.

Si vous avez des enfants dans la voiture, dites (ne demandez pas) aux voleurs que vous en avez avant de sortir du véhicule.

Si quelqu'un vous réclame vos clés alors que vous êtes à l'extérieur de votre voiture, jetez-les dans la direction opposée à votre issue de secours et courez quand il va les chercher.

S'il ne va pas chercher les clés, vous saurez que c'est vous, et non votre voiture, qui êtes sa véritable cible. S'il a une arme à feu, gardez la voiture entre vous et lui. Sinon, courez jusqu'à l'obstacle le plus proche (un pilier en béton, par exemple). Courez d'un couvert à l'autre jusqu'à ce que vous atteigniez un lieu sécurisé.

Si vous êtes forcé de monter dans une voiture, considérez cela comme un enlèvement.

Si vous êtes obligé de conduire, vous pouvez :

- Allumer les warnings, klaxonner pour attirer l'attention.
- Rouler jusqu'à un poste de police.
- Provoquer un accident mineur.

Lorsque vous êtes à l'intérieur de la voiture et que quelqu'un essaie d'entrer (et que vous ne pouvez pas partir), appuyez sur le klaxon en mode SOS (… - - - …) et appelez les secours.

Si quelqu'un passe une arme par votre vitre, coincez-la sur le tableau de bord et partez.

Chapitre Connexe :

- Ascenseurs

ACCIDENTS DE VOITURE

Ces conseils supposent que vous êtes impliqué dans un accident de voiture légitime et non dans une escroquerie par collision.

Dans une zone isolée, il est préférable de continuer à rouler jusqu'à un endroit sûr, si votre voiture est encore en état de marche.

Si vous vous trouvez déjà dans une zone peuplée, garez le véhicule près du lieu de l'accident, mais pas à un endroit où il gênerait la circulation. Sécurisez la zone en vérifiant qu'il n'y a pas de danger, en prodiguant les premiers soins et en avertissant la circulation venant en sens inverse de l'accident.

Appelez les services d'urgence, puis prenez des photos et des notes. Notez la date, l'heure, la météo, la nature de l'accident, etc. Horodatez vos notes une fois rédigées, et signez-les.

Échangez des informations avec l'autre conducteur. Prenez son nom, son adresse, son numéro de téléphone, son numéro de permis de conduire, le nom de sa compagnie d'assurance et le numéro de sa police d'assurance.

Prenez les noms, adresses et numéros de téléphone de tous les passagers et/ou témoins. Si le véhicule n'appartient pas au conducteur, demandez également les coordonnées du propriétaire.

N'admettez jamais la responsabilité d'un accident. Ne signez aucun document, n'acceptez pas de payer des dommages-intérêts ou de minimiser l'importance des blessures. Prenez un avocat au besoin.

Au moment de remorquer votre véhicule, convenez d'un prix et d'un lieu de dépôt avant que le remorquage ne soit effectué.

Informez votre compagnie d'assurance de l'incident et enchaînez par un rapport écrit comprenant des copies de vos notes, des photos et le rapport de police.

Consultez un médecin dès que possible après l'accident (dans les 48 heures), même si vous pensez ne pas être blessé.

Ne réglez aucune réclamation d'assurance tant que vous ne connaissez pas l'étendue complète des blessures et des dommages causés au véhicule.

Chapitre Connexe :

- Arnaques Courantes et Petits Larcins

VÉHICULES PIÉGÉS

Trouver une bombe dans votre voiture personnelle est peu probable, sauf si vous êtes une cible spécifique.

Si vous pensez être une cible, votre meilleure défense est de vérifier votre voiture à chaque fois que vous y montez. C'est aussi le meilleur moyen d'empêcher la surveillance des véhicules via des dispositifs de localisation, etc.

Laisser votre véhicule sale facilitera le repérage de toute altération. Un moyen supplémentaire (ou alternatif) d'y parvenir consiste à placer du ruban adhésif transparent sur votre coffre, votre capot, votre réservoir d'essence, etc.

Pour évaluer la présence éventuelle d'une bombe dans un véhicule, commencez par examiner l'extérieur de celui-ci. Recherchez tout ce qui est inhabituel, comme des fils ou des portières ouvertes. Fouillez tout autour, y compris dans les passages de roues, les pare-chocs, le dessous, etc. Portez une attention particulière à la zone sous le siège du conducteur.

Après avoir accédé à l'extérieur, regardez à l'intérieur par les vitres. Recherchez tout objet suspect qui n'était pas là auparavant.

Enfin, entrez dans votre voiture et vérifiez l'intérieur de la boîte à gants, sous les sièges, dans le coffre et tout autre endroit invisible de l'extérieur.

Pour plus de sécurité, procurez-vous un mesureur de champ dans votre magasin d'électronique local. Cet appareil détectera les transmissions radio.

SORTIR

Que vous soyez à la maison ou à l'extérieur, vous pouvez prendre certaines mesures fondamentales pour assurer votre sécurité.

Gardez les informations suivantes en mémoire, où que vous alliez :

- Au moins deux numéros de téléphone d'urgence (parent, conjoint, frère ou sœur).
- L'adresse de votre domicile/hôtel.
- Le numéro des services d'urgence (par exemple, le 118).

Inspectez les environs de votre maison ou tout nouvel endroit où vous séjournez pour une nuit ou plus. Prenez note des :

- Sorties de la zone.
- Goulets d'étranglement dans la circulation.
- Postes de police.
- Hôpitaux.
- Pharmacies.
- Sources d'eau.
- L'ambassade de votre pays.
- Points de ralliement.

Return to the area often, so you are aware of any changes, such as roadworks.

Revenez souvent dans la zone pour être au courant de tout changement, comme des travaux routiers.

Lorsque vous sortez, habillez-vous de façon pratique et ne prenez que ce dont vous avez besoin. Cela fera moins de vous une cible et vous donnera plus de mobilité pour la fuite et/ou la lutte.

Indiquez vos déplacements prévus à une personne responsable. Dites-lui quand et comment vous vous signalerez, et quelle action entreprendre si vous ne le faites pas.

Par exemple, convenez que vous enverrez un SMS toutes les heures, et si vous ne le faites pas pendant trois heures ou plus, il devra en informer votre frère.

Chapitre Connexe :

- Points de Ralliement

RECHERCHE ET SAUVETAGE

Connaître la recherche et le sauvetage vous donne une idée de la façon dont les services d'urgence peuvent essayer de vous trouver.

Si quelqu'un disparaît, élaborez un plan et entamez les recherches dès que possible. Plus la victime a disparu depuis longtemps, plus elle sera difficile à trouver, mais chercher sans organisation est souvent pire que de ne rien faire.

Pour faciliter la recherche et le sauvetage, définissez les limites des endroits où les gens peuvent aller. Cela comprend la création et le suivi d'itinéraires planifiés. Ce qui vous donne une zone définie à explorer pour vos premières recherches.

Kit D'identité

Un kit d'identité est une simple feuille de papier contenant des informations sur la personne disparue. Vous pouvez le donner aux autorités/membres de l'équipe de sauvetage. Faites-en un pour chaque membre de la famille et ajoutez les éléments suivants :

- Une photo couleur à jour.
- Des empreintes.
- Le nom, l'âge, la date de naissance, une description physique.
- L'état de santé.
- Une mèche de cheveux dans un sac scellé.

Planifier une Recherche

Établir un chef de recherche et un poste de commandement. Installer le poste de commandement à proximité ou à l'endroit où la personne peut revenir (camping, domicile). Le chef restera au poste de commandement avec des fournitures de premiers secours et un secouriste, qui peut également être le chef de recherche.

Pendant la mise en place du poste de commandement, établissez une zone de recherche principale et des équipes de recherche de deux à trois personnes (si les ressources le permettent).

Divisez la zone de recherche en sections et affectez chaque équipe à une section. Assurez-vous que chaque équipe dispose de GPS et d'appareils de communication.

Chaque équipe effectuera une recherche dans sa section, puis fera un rapport au poste de commandement afin que le chef puisse leur attribuer une nouvelle section, les rappeler ou donner d'autres instructions.

Fouillez d'abord dans les endroits les plus probables :

- Dernière position connue.
- Itinéraires les plus probables.
- Limites.

Développez la zone de recherche autant que nécessaire.

Lors de l'élaboration du plan de recherche, tenez compte des éléments suivants :

- Les forces, les faiblesses, le comportement, les habitudes, la santé, l'âge, etc. de la personne disparue.
- La météo.
- L'équipement disponible (communications, trousses de premiers soins, nourriture, eau, outils de navigation, fusées éclairantes, abri, etc.).
- Les forces et faiblesses des membres de l'équipe de recherche. Créez des paires dont les forces se complètent mutuellement. Assurez-vous qu'il y ait au moins un secouriste par équipe.

Recherche

Lorsque vous effectuez la recherche en équipes individuelles, faites la lumière et du bruit pour attirer l'attention de la personne perdue. Appelez-la et donnez des coups de sifflet et/ou des flashs de lumière.

Dans la nature, prenez une personne pour guider une équipe le long d'un élément important (ruisseau, sentier, etc.) pendant que les autres cherchent plus profondément. Restez toujours en vue ou à l'écoute les uns des autres.

Fouillez des cachettes (surtout lorsque vous recherchez des enfants ou des victimes d'enlèvement) et gardez à l'esprit que la personne disparue peut être inconsciente.

Sauvetage

Lorsque vous retrouvez la personne disparue, informez le poste de commandement et appliquez les premiers secours.

Donnez à la victime de la nourriture et de l'eau au besoin, puis suivez les instructions du chef de recherche.

Prévoyez d'installer un abri si le temps est mauvais ou si vous devez attendre les secours.

Chapitre Connexe :

- Pistage

PISTAGE

Savoir pister est une compétence utile pour :

- Retrouver une personne disparue.
- Savoir où se trouve votre ennemi pour pouvoir l'éviter.
- Traquer un voleur et/ou récupérer vos biens.
- Vous ramener en sécurité parmi les gens après avoir échappé à une capture.
- Pister des animaux pour chasser et se nourrir dans une situation de survie.

Le pistage implique en fait l'observation des signes de présence, puis l'interprétation correcte de ces signes dans un récit indiquant où votre cible est allée.

Devenir un pisteur qualifié demande de la pratique. Vous devez connaître l'environnement et/ou la personne ou l'animal que vous traquez.

Ce qui suit donne un aperçu des compétences (très) basiques nécessaires au pistage.

Signes de Présence

Un signe de présence est toute perturbation de l'environnement naturel. Recherchez des signes spécifiques liés à qui (ou ce que) vous pistez, tels que des empreintes de pas ayant une forme ou une taille particulière, ou qui présentent un motif donné.

Voici des exemples de ce qu'il faut rechercher :

- L'absence d'animaux.
- Tout signe de présence humaine, tel que tissu, détritus, feu, construction d'abri, etc.
- Des fluides corporels (sang, urine, crottes, mucus, etc.).
- Des toiles d'araignée brisées.

- Du feuillage abîmé.
- De la nourriture jetée.
- Des empreintes.
- Des pierres ou cailloux renversés.
- Les éraflures provoquées par quelqu'un/quelque chose en s'appuyant sur un arbre ou en grimpant sur quelque chose.
- Des signes qu'un aliment a été consommé, comme des fruits cueillis.
- De la terre déplacée d'un endroit à un autre.
- Un sol retourné.
- De la végétation repoussée dans une position non naturelle.

Pièges à Traces

Les pièges à traces sont des endroits où les signes de présence, comme de l'eau déposée sur une roche, sont plus faciles à repérer. Parmi les exemples de pièges à traces, il y a la boue, la neige, le sable, la terre molle et les fluides.

Recherchez d'abord des signes de présence dans les pièges à traces. Si vous n'en trouvez pas, passez sur un terrain plus dur.

Méthode de Pistage de Base

Trouvez une empreinte initiale et collectez des informations. Dessinez un croquis et notez la longueur, la largeur, les motifs de la semelle, etc.

Trouvez l'empreinte suivante, probablement à une longueur de pas environ. Vérifiez qu'il s'agit bien de la même empreinte en vous référant à vos notes.

Des pisteurs supplémentaires peuvent chercher plus avant des traces correspondantes tandis que le pisteur d'origine continue de suivre pas à pas, comme indiqué ci-dessus. Lorsqu'ils en trouvent une, le pisteur d'origine peut marquer sa dernière empreinte trouvée et avancer pour comparer la nouvelle trace.

Si elle correspond bien, il peut continuer à pister à partir du nouveau point pendant que les pisteurs supplémentaires continuent d'aller de l'avant.

Piste Perdue

Si vous perdez une trace, revenez au dernier signe positif et marquez-le avec quelque chose, comme un ruban brillant.

Inspectez le sol tout autour de vous en quête de l'empreinte suivante.

Si vous ne le trouvez pas lors de votre inspection, marchez dans la direction la plus probable pour voir si vous pouvez la retrouver.

Si vous ne la trouvez pas à moins de 100 m, revenez au dernier signe positif (que vous avez marqué) et essayez un balayage à 360 degrés. Faites des cercles toujours croissants vers l'extérieur jusqu'à ce que vous repériez la trace suivante.

Déterminer la Direction

Voici quelques façons de déterminer dans quelle direction votre cible se dirige :

- Les animaux fuient un danger proche (par exemple, des humains).
- Le feuillage se courbe dans le sens de la marche.
- Des éclaboussures de liquide dans le sens de la marche (p. ex. du sang).
- La terre s'éparpille dans le sens de la marche.

Ces signes sont plus fiables que des empreintes de pas évidentes si une personne cherche à vous leurrer en marchant à reculons.

Déterminer la Taille du Groupe

Lors du pistage d'un nombre inconnu de personnes, employez la méthode suivante pour déterminer la taille du groupe. Cela nécessite que vous suiviez les empreintes.

- Tracez une ligne derrière une empreinte.
- Tracez une deuxième ligne à 1,50 m devant la première. Tracez-la à 1 m si vous cherchez des enfants.
- Comptez toutes les empreintes complètes et partielles entre ces deux lignes. Arrondissez si vous obtenez un nombre impair.
- Réduisez le nombre de moitié.

Cela vous donnera une estimation approximative du nombre de personnes dans le groupe.

Conseils de Pistage Supplémentaires

- Des empreintes de pas plus éloignées et plus profondes aux orteils ou au talon indiquent une course. Celles qui sont plus proches les unes des autres indiquent la marche.
- Des empreintes proches mais profondes indiquent qu'une personne porte quelque chose.
- Si un pied laisse une empreinte plus profonde que l'autre, la personne est peut-être blessée.
- Plus la piste est fraîche, plus votre cible est proche. Les bords supérieurs peuvent sécher en quelques minutes, mais l'érosion complète prend au moins 12 heures.
- Lorsque vous cherchez des signes devant vous, regardez à 15 m en avant.
- Des positions élevées peuvent révéler d'autres signes de présence. Grimpez dans un arbre pour les chercher.
- Utilisez également vos autres sens (odorat et ouïe).
- Ne marchez jamais sur les traces. Cela vous embrouillerait si vous avez besoin de revenir vers elles.

- Faites plus attention à proximité des sources d'eau.
- Pendant que vous collectez des preuves, établissez un récit de l'état de votre cible et où elle va.
- Soyez attentif aux faux signes, aux pièges et embuscades.
- Des signes de votre cible masquant ses traces peuvent être une indication d'un lieu de repos, d'un changement de direction ou d'une embuscade.
- Les faibles angles de lumière rendent les traces plus faciles à repérer. Cela signifie que les meilleurs moments pour pister sont tôt le matin et en fin d'après-midi. Mettez-vous entre la trace et le soleil, et baissez-vous pour voir les ombres.
- Faites attention de ne pas vous perdre.

Chapitre Connexe :

- Recherche et Sauvetage

ÉCHAPPER À UNE CAPTURE

PRÉLIMINAIRES

Dès lors que vous avez été enlevé, votre meilleure chance de survie est de vous échapper ou d'être secouru dans les 24 premières heures.

Si votre effort initial pour repousser vos ravisseurs a échoué, soyez docile. Baissez les yeux et faites ce qu'on vous dit (dans des limites raisonnables) afin qu'ils ne vous fassent pas plus de mal qu'ils vous en ont déjà fait. Donnez-leur une fausse impression de complaisance, puis échappez-vous dès qu'une bonne occasion se présente.

Note : Si vous vous attendez à être torturé et tué immédiatement après votre capture, il vaut mieux vous battre jusqu'à la mort.

Plus tôt vous vous échappez, mieux c'est, car :

- Plus vous restez longtemps en captivité, plus vous serez fouillé de manière approfondie.
- Plus vous restez prisonnier longtemps, plus vous avez de risques d'être envoyé dans une zone plus sécurisée.

Cependant, vous devez choisir judicieusement la bonne occasion de vous échapper. Si vous êtes repris, vous serez puni et la sécurité augmentera.

GAGNER DU TEMPS

Il existe plusieurs tactiques que vous pouvez tenter pour gagner du temps jusqu'à l'arrivée des secours et/ou pour vous donner des chances de vous échapper.

Si vous vous retrouvez dans une impasse et savez que votre capture est inévitable, essayez de négocier votre reddition. Même si vous ne vous attendez pas à ce que des secours arrivent, vous pouvez tenter d'obtenir de meilleures conditions de détention.

Une autre option consiste à feindre une blessure et à demander des soins médicaux. Faire semblant d'avoir une crise ou agir de manière insensée est souvent suffisant pour que tout type de criminel vous laisse tranquille si vous êtes une cible aléatoire.

Une dernière tactique pour gagner du temps consiste à employer un stratagème d'« accès restreint ». C'est valable avec les criminels qui recherchent un gain matériel. Dites-leur que vous avez un coffre-fort contenant des valeur et auquel vous seul pouvez accéder. Quand ils vous y emmènent, profitez-en pour vous échapper.

Chapitre Connexe :

- Négociation

COLLECTER DES INFORMATIONS

Dès que vous êtes pris, commencez par aiguiser tous vos sens pour en savoir le plus possible sur vos ravisseurs et où vous allez. Notez leur langue, le nombre de personnes, le style vestimentaire, leurs noms, organisation, motivations, équipement, personnalités, etc.

Lorsque vous êtes dans un véhicule, essayez de déterminer votre vitesse de déplacement, les bruits environnants, le temps passé dans le véhicule, les virages, la direction, etc.

Une fois en captivité, recherchez les sorties, observez la sécurité (ou son absence), l'emplacement, la météo, l'environnement, les ressources utiles, les autres captifs, les routines de vos ravisseurs, etc.

Chapitre Connexe :

- En Voyage

LAISSER DES INDICES

Une fois en captivité, votre meilleure chance de vous échapper est d'être secouru. Aidez les sauveteurs à suivre plus facilement vos traces en laissant des indices de votre présence dans chaque véhicule et endroit dans lequel vous êtes détenu. Par exemple, vous pouvez :

- Construire ou tracer des flèches.
- Laisser de l'ADN.
- Déposer des notes.
- Laisser des vêtements.
- Empiler des pierres.

Laisser et/ou prélever de l'ADN pour les enquêteurs les aidera à vous trouver et sera également utile pour condamner votre ou vos ravisseurs plus tard.

Tous les fluides corporels laissent des traces d'ADN (sang, vomi, urine, crachats, etc.), de même que les cheveux. Lorsque vous laissez votre propre ADN, placez-le dans des endroits que votre ravisseur ne nettoiera (peut-être) pas, comme sous/dans/derrière des meubles, sur des charnières de porte, dans les bouches d'aération, sur les murs et dans les recoins. Parlez de ces tactiques à votre famille afin qu'elle puisse conseiller à la police de rechercher votre ADN dans des endroits inhabituels.

Lorsque vous prélevez l'ADN de votre ravisseur, vous devrez le « stocker » sur vous afin qu'il ne soit pas nettoyé. Le griffer assez fort pour prélever du sang coincera celui-ci sous vos ongles, et il est susceptible d'y rester sauf si vous frottez vos ongles.

Une autre chose que vous pouvez faire est d'essuyer sa sueur (ou d'autres fluides corporels) et de la conserver sous vos poils. Lorsque vous vous douchez, évitez de laver cet endroit, sauf si vous êtes capturé depuis longtemps, auquel cas vous devez maintenir une hygiène corporelle pour votre santé.

ENDURER LA CAPTIVITÉ

Si une évasion rapide n'est pas possible, vous devrez vous concentrer sur la survie en captivité jusqu'à ce que vous puissiez vous échapper ou être sauvé.

De nombreuses informations contenues dans cette section s'appliquent également à la survie lors d'une prise d'otages ou dans un centre de détention du gouvernement, tel qu'un camp de prisonniers de guerre ou une prison.

Acceptation

Acceptez le fait que vous êtes un prisonnier. Évitez l'apitoiement sur vous-même et la colère pour pouvoir vous concentrer sur la survie et l'évasion.

Soyez un Homme Gris

Lorsque vous êtes capturé, surtout si vous êtes en groupe, ne faites rien pour attirer davantage l'attention sur vous. Restez calme, silencieux, impassible et docile. Restez immobile, les yeux baissés.

La Volonté de Vivre

Survivre consiste en grande partie à conserver votre volonté de vivre et à croire fermement que vous survivrez. Rappelez-vous vos raisons de vivre (par exemple, vos proches) et ayez confiance en vous-même, en vos capacités et en votre dieu si vous en avez un. Quoi qu'il arrive, ne renoncez pas à votre volonté de vivre et soyez toujours prêt à saisir le moment où vous pourrez vous échapper, même si cela prend des années.

Même si plus vous attendez, plus l'évasion devient difficile, plus longtemps vous êtes retenu captif, plus il y a de chances que vous en sortiez vivant. Si l'intention de vos ravisseurs est de vous tuer, ils le feront le plus tôt possible.

Restez en Bonne Santé et Mentalement Actif

Créer de bonnes habitudes mentales et physiques vous aide à maintenir votre volonté de vivre. Cela vous permet également de rester en forme mentalement et physiquement, afin de saisir une occasion de vous échapper.

Une façon productive d'exercer votre esprit est de planifier votre évasion. Utilisez tous vos sens pour collecter des informations et sondez vos ravisseurs pour découvrir qui vous pouvez exploiter. En dehors des plans constants, profitez de tous les divertissements que vous pouvez obtenir, comme par exemple la lecture.

Établissez une routine physique et suivez-la régulièrement. Faites tout ce pour quoi vous avez de la place. Les pompes, les abdominaux et les étirements sont d'excellents exercices qui ne nécessitent pas beaucoup d'espace.

Mangez tout ce qu'on vous donne, tant que ce n'est pas toxique. Refuser de manger en signe de protestation n'est pas une bonne stratégie pour survivre à long terme, et être un prisonnier courtois peut vous faire gagner des faveurs supplémentaires.

Humanisez-vous

Plus vous êtes humain, plus il est difficile de vous faire du mal. Indiquer votre nom est un bon début. Il est plus difficile de tuer ou de frapper quelqu'un qui a un nom. Quoi que fassent vos ravisseurs, restez calme et poli. Un prisonnier trop émotif ou difficile est plus facile à maltraiter, alors gardez votre dignité. Ne suppliez pas, ne pleurez pas, ne vous souillez pas, etc.

Nouez des Relations avec vos Ravisseurs

Le contact social présente un avantage psychologique et favorise votre humanisation.

Développer des liens peut également vous aider à vous échapper. Il est plus facile de soutirer des informations à quelqu'un avec qui vous avez des relations. Ciblez ceux qui paraissent plus sympathiques envers vous.

Vous avez également des chances d'avoir des conforts supplémentaires si vous êtes amical. Commencez par demander de petites choses, comme un verre ou une couverture, puis devenez plus ambitieux en demandant de la nourriture ou des distractions supplémentaires. N'insistez pas trop, ou vous pourriez vous retrouver complètement isolé.

Se lier d'amitié avec vos ravisseurs est utile, mais il est important de se rappeler qu'ils restent l'ennemi. N'hésitez pas à blesser l'un d'eux lors d'une tentative d'évasion.

Travailler avec D'autres Détenus

Se lier d'amitié avec d'autres détenus présente plusieurs avantages. C'est psychologiquement bénéfique, vous pouvez travailler ensemble pour vous échapper, négocier l'un pour l'autre (si l'un de vous est puni) et envoyer chercher de l'aide si l'un de vous s'échappe.

Cependant, vous devez choisir prudemment vos amis. Tout le monde n'agira pas pour le bien du groupe, en particulier les petits criminels.

Dans une situation de groupe – où il y a plusieurs otages, ou dans un camp de prisonniers de guerre ou une prison –, il vaut mieux garder une mentalité « nous contre eux ». Prendre parti pour les gardes peut vous faire tuer par d'autres prisonniers. Ne faites rien (y compris accepter un traitement favorable) qui puisse nuire aux autres détenus. Cela inclut la divulgation d'informations.

Lorsqu'il s'agit de contrôler un groupe, prenez le commandement ou bien obéissez aux responsables et soutenez-les (pas l'ennemi).

Si vous êtes en prison avec des criminels, cela devient un jeu d'astuce contre les gardiens et les autres prisonniers. Choisissez judicieusement vos amis et ne tombez pas dans la mesquinerie et la manipulation.

Interrogation

Lorsque vous êtes soumis à un interrogatoire, donnez le moins possible d'informations utiles, tout en restant calme et poli. Ne parlez que lorsqu'on vous le demande et fournissez des réponses brèves.

Évitez le contact visuel avec votre interrogateur. Si vous êtes obligé de le regarder, fixez son front.

Méfiez-vous de toute offre qui vous est proposée.

À moins que vous ne soyez torturé ou tué si vous refusez, évitez :

- D'avouer de quelque manière que ce soit.
- De diffuser de la propagande.
- Dénoncez votre cause (verbalement ou par écrit) si vous êtes un prisonnier politique.

Lorsque vous êtes détenu par un gouvernement ou une organisation politique professionnelle, traitez toutes les conversations avec vos ravisseurs comme des interrogatoires, même lorsqu'elles semblent informelles.

Contacter le Monde Extérieur

Faites tout votre possible pour contacter le monde extérieur. Faites appel à la famille, aux amis, aux avocats et à d'autres sympathisants, afin qu'ils puissent élaborer des plans pour vous libérer. Demandez-leur de se renseigner constamment sur votre santé et votre bien-être. Permettez à vos ravisseurs de prendre une photo de votre visage afin que les autorités puissent vous identifier.

Chapitres Connexes :

- Planifier votre Évasion
- Écoute Active

PLANIFIER VOTRE EVASION

Commencez à planifier votre évasion dès le début et ne cessez jamais, quel que soit le temps où vous êtes retenu captif.

En dehors de tout ce qui est expliqué dans le chapitre « Planification et préparation », il y a deux choses principales à considérer pour votre évasion : quand partir et quel itinéraire vous emprunterez.

C'est bien de planifier l'itinéraire et le moment « parfaits » pour vous évader, mais n'hésitez pas à saisir toute occasion qui se présente.

Si vous ratez une tentative d'évasion, attendez-vous à être frappé. Faites semblant d'être blessé et/ou épuisé pour paraître moins menaçant.

Quand S'échapper

Si vous êtes enlevé contre rançon, il est probable que vous serez libéré dès que les demandes de vos ravisseurs seront satisfaites. Tenter une évasion risquée peut ne pas en valoir la peine, surtout si vous êtes détenu dans un endroit isolé où vous devrez affronter les éléments pour vous mettre en sécurité.

Si vous êtes la captive d'un prédateur sexuel, échappez-vous au plus vite. Sinon, vous serez probablement tuée une fois que vous aurez servi son objectif, ou vivrez une vie de souffrance.

Lorsque vos ravisseurs agissent soudain comme suit, votre temps risque d'être compté :

- Cesser de vous nourrir.
- Vous traiter plus durement.
- Se montrer désespérés ou effrayés.

Dans ce cas, tentez de vous échapper même si vos chances ne sont pas bonnes.

Chaque fois que l'on vous déplace hors de votre cellule, c'est l'occasion de recueillir des informations, de préparer une évasion ou de vous échapper réellement, en particulier si le déplacement survient régulièrement.

Les bons moments pour s'évader sont :

- Quand ils ne vous surveillent pas.
- La nuit.
- Par mauvais temps.

Choisir Votre Itinéraire

Lorsque vous choisissez un itinéraire, optez en premier lieu pour la furtivité. Tenez-vous à des endroits où vous risquez moins d'être vu et où il y a peu de systèmes d'alerte tels que des alarmes, des pièges, des lumières ou des chiens. Réfléchissez aux diversions que vous pouvez créer et aux obstacles que vous pouvez mettre sur le chemin de vos ennemis.

Si possible, prévoyez également des itinéraires alternatifs. Ayez-en un directement à l'opposé et un autre à angle droit par rapport à votre itinéraire d'origine.

SURVIVRE À UNE TENTATIVE DE SAUVETAGE OU À UNE LIBÉRATION

Les autorités peuvent envoyer une équipe tactique pour vous secourir. C'est génial, si vous survivez au sauvetage.

Si vous avez le temps, réfugiez-vous dans une partie plus sûre de la pièce dès que vous êtes au courant de la tentative de sauvetage. Choisissez un endroit :

- Sous ou derrière un abri.
- Loin des portes et des fenêtres.

Mettez-vous ensuite en position de survie à la grenade :

- Allongez-vous sur le ventre.
- Pointez vos pieds vers le point d'entrée ou d'explosion probable.
- Croisez vos jambes et couvrez vos oreilles.
- Gardez vos coudes serrés contre votre cage thoracique.
- Ouvrez un peu la bouche.

Une fois que les explosions ou les balles sont passées, mettez-vous sur le dos et écartez les mains et les jambes pour montrer qu'elles sont vides.

Pour éviter d'être pris pour un méchant, ne faites pas ce qui suit :

- Se lever.
- Fuir les sauveteurs.
- Prendre une arme.
- Essayer d'aider les sauveteurs.

Soyez prêt à recevoir un traitement hostile de la part des forces de secours jusqu'à ce que vous soyez clairement identifié.

Être Libéré

Si vos ravisseurs vous libèrent pour une raison quelconque, suivez leurs instructions.

VOITURES

Il y a de fortes chances que vous croisiez une voiture lors de votre enlèvement et/ou de votre évasion. Dans cette section, vous apprendrez une variété de tactiques liées à la voiture, telles que la sécurité générale, l'évasion d'une voiture, les techniques de conduite d'évitement, etc.

ESCAPING CARS

Vos chances de vous évader s'amenuisent à mesure que vous vous éloignez de l'endroit où vous avez été enlevé.

Si vous n'avez pas pu repousser votre agresseur au départ, faites tout votre possible pour vous échapper de la voiture. Une fois qu'il vous aura conduit dans un endroit sûr, ce sera beaucoup plus difficile.

S'échapper d'un Coffre de Voiture

Il y a certaines choses que vous pouvez tenter pour vous échapper lorsque vous êtes enfermé dans le coffre d'une voiture :

- Tirez le levier de déverrouillage d'urgence du coffre. Ceux-ci sont courants dans les voitures récentes.
- Dans les voitures plus anciennes, tirez sur le câble de déverrouillage.
- Appuyez votre dos contre le capot du coffre et servez-vous de vos bras et vos jambes pour l'ouvrir.
- Utilisez le cric pour forcer l'ouverture.
- Débranchez le feu de stop central et éjectez-le. Glissez votre main par le trou pour signaler que vous avez besoin d'aide.
- Donnez des coups de pied dans le siège arrière.

Lorsque vous êtes balancé dans le coffre, essayez de vous positionner de manière à pouvoir accéder à vos outils d'évasion.

Sauter d'une Voiture en Mouvement

Sauter d'une voiture en mouvement est dangereux, mais c'est mieux que d'être enlevé. Avant d'essayer de sauter, assurez-vous que la portière est déverrouillée.

Préparez-vous à sauter au moment le plus sûr :

- À plus de 50 km/h, c'est trop rapide. Choisissez un moment où la voiture s'arrête, commence à accélérer ou juste avant qu'elle négocie un virage.
- Assurez-vous qu'il n'y a aucun obstacle là où vous sauterez. Vous continuerez à bouger dans le même sens et à la même vitesse que la voiture.
- Il est préférable d'atterrir sur une surface molle, comme de l'herbe.

Si possible, rembourrez vos vêtements avec quelque chose de mou, comme des journaux.

Au moment de sauter, ouvrez complètement la portière pour qu'elle risque moins de se refermer sur vous. Sautez en biais le plus loin possible, en sens inverse de celui de la voiture.

Si la voiture tourne, sautez du côté opposé à celui vers lequel elle tourne. Cela signifie que si vous êtes assis à droite, attendez un virage à gauche.

Roulez-vous en boule et rentrez votre menton pour protéger votre tête. Essayez d'atterrir sur le dos et roulez lorsque vous atterrissez.

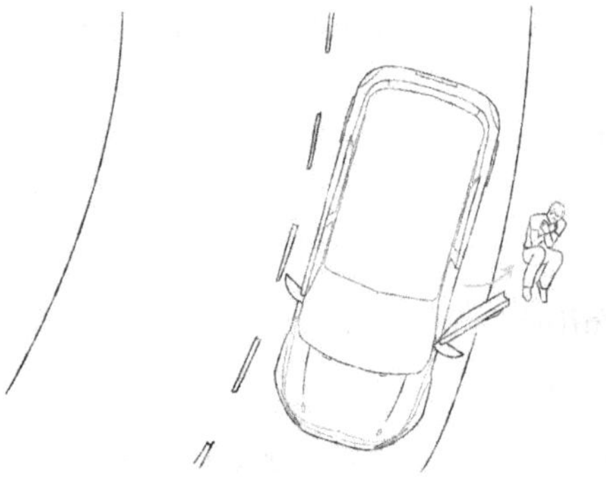

Conducteur Invalide

Pour prendre le contrôle d'une voiture si votre conducteur est frappé d'incapacité, écartez sa jambe des pédales avec la vôtre. Prenez le contrôle de la pédale d'accélérateur et dirigez la voiture vers la sécurité.

Briser une Vitre de Voiture

Les vitres des voitures sont résistantes, en particulier les parebrises avant et arrière, alors n'essayez pas d'en briser un.

Pour briser une vitre latérale, allongez-vous sur le dos, vos pieds face à la fenêtre.

Frappez des deux pieds ensemble la partie inférieure droite. Vos pieds rebondiront si vous essayez de frapper au centre.

Échapper à une Voiture qui Coule

Si vous vous retrouvez dans une voiture qui tombe dans l'eau, préparez-vous à l'impact.

Juste après la chute dans l'eau, ouvrez votre vitre. Il faudrait le faire au plus tôt, même avant d'atteindre l'eau, si possible.

Essayez de sortir avant que la voiture ne commence à couler.

Si la vitre ne s'ouvre pas assez, brisez-la avec un outil brise-vitre ou un objet lourd tel qu'un antivol de volant, ou donnez-lui un coup de pied comme décrit précédemment.

Si la voiture commence à couler avant que vous ne puissiez vous échapper, attendez que l'eau cesse de s'engouffrer et sortez par la fenêtre en nageant.

En dernier recours, attendez que la voiture se remplisse d'eau. Cela relâchera la pression et vous pourrez ouvrir la portière.

Pour bien retenir votre respiration, videz d'abord complètement vos poumons, puis respirez profondément pour que votre corps soit plein d'air frais. Essayez de rester calme pour pouvoir retenir votre respiration plus longtemps.

Chapitres Connexes :

- Kit de Survie Secret
- Carjacking

METTRE HORS D'USAGE LA VOITURE DE VOTRE ENNEMI

Il existe plusieurs façons de mettre hors d'usage la voiture de votre ennemi afin qu'il ne puisse pas vous poursuivre. Faites autant des actions suivantes que possible, compte tenu du temps et de l'accès dont vous disposez.

En règle générale, coupez les fils électriques, videz les fluides et arrachez des pièces du moteur. Voici quelques suggestions plus précises :

- Crevez les pneus.
- Retirez les boulons des roues.
- Fourrez quelque chose dans le pot d'échappement. Bloquez-le bien.
- Plantez quelque chose de pointu dans le radiateur.
- Retirez les fils de bougie.
- Bloquez la prise d'air avec un chiffon.
- Noyez le filtre à air avec un tuyau.
- Retirez la batterie.
- Retirez le démarreur.
- Enflammez un chiffon et jetez-le dans le réservoir d'essence.
- Contaminez l'essence avec du produit à vaisselle, du sucre, de l'eau ou de la terre.

VOLER UNE VOITURE

Ce n'est pas forcément parce qu'il y a une voiture prenable que vous devriez le faire. Vous couvririez beaucoup plus de distance avec, mais il sera également plus facile de vous pister.

Si vous décidez de prendre une voiture et que vous avez le choix, la meilleure à voler est celle qui :

- Est facile à voler.
- N'est pas remarquable. Il n'est ni trop sale ni trop propre, et n'a pas de marques d'identification évidentes (autocollants, bosselures, peinture brillante, etc.).
- A le plancher plus près du sol. Les voitures plus hautes se retournent plus facilement lors d'une poursuite.

Obtenir les Clés

Obtenir les clés est le meilleur moyen d'avoir une voiture. Il existe diverses manières de procéder.

- Voler les clés – en les dérobant à leur propriétaire ou en les prenant dans la cabine d'un voiturier, par exemple.
- Carjacker une voiture. C'est bon pour une fuite rapide, car la voiture est déjà en marche. Les stations-service et les distributeurs automatiques sont de bons endroits pour le faire, car le conducteur peut laisser ses clés au volant pendant qu'il sort.
- Utiliser un passe-partout. Vous pouvez en voler un dans les dépanneuses. Parfois, les clés d'une voiture différente mais de même marque fonctionneront.
- Trouver des clés de rechange ou de voiturier dans une voiture déverrouillée. Fouillez la console centrale, la boîte à gants, sous les tapis ou sur la visière. Les clés de voiturier sont souvent dans le manuel d'utilisation.

Forcer L'entrée

Lorsque la voiture est verrouillée et que vous n'avez pas les clés, vous devrez y entrer par effraction.

Pour casser une vitre, prenez quelque chose de dur pour la frapper dans les coins. Les vitres latérales sont les plus fragiles. Si vous avez de quoi, collez un grand X de bande adhésive sur la vitre avant de la casser. Cela aide à étouffer le son et empêche les débris.

Alternativement, vous pouvez essayer de crocheter un bouton de verrouillage. Pour un bouton qui se soulève, utilisez un lacet. Tout d'abord, faites-y une petite boucle avec un nœud coulant. Insérez le lacet dans la porte par le coin supérieur du cadre de la vitre. Une fois celui-ci la voiture, amenez-le au-dessus du bouton.

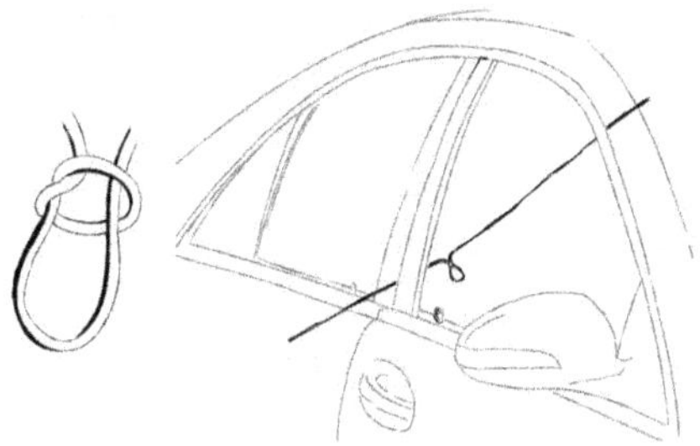

Glissez la boucle autour du bouton et tirez sur les deux bouts du lacet.

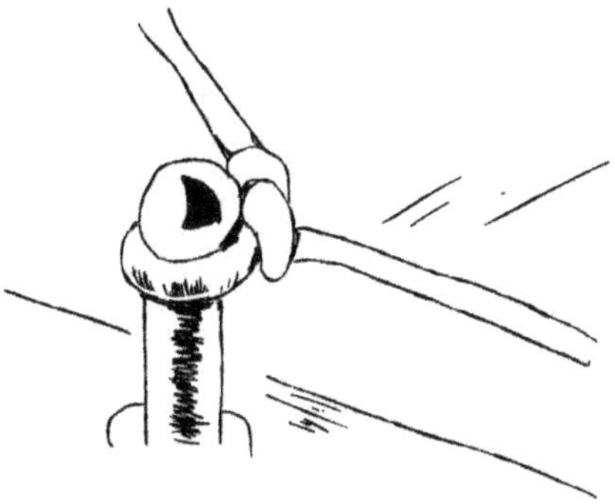

Une dernière méthode qui ne nécessite aucun équipement particulier consiste à utiliser un cintre et une chaussure.

Forcez le coin supérieur de la porte et coincez votre chaussure dans l'interstice. À l'aide du cintre déplié, déverrouillez la portière comme ci-dessus.

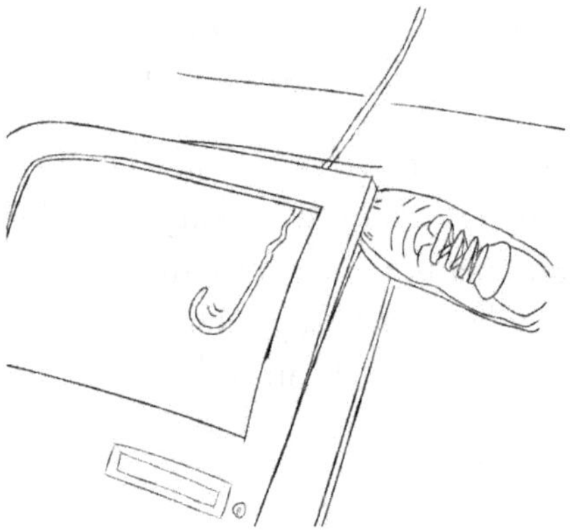

Démarrer une Voiture

Les voitures récentes sont presque impossibles à démarrer sans la clé ou un équipement spécial.

Si la voiture a été fabriquée avant 1999, vous pourrez peut-être la débloquer ou la court-circuiter. Plus la voiture est ancienne, meilleures sont vos chances de réussite.

Ne pratiquez pas cela sur une voiture que vous devrez réutiliser. Ça va la bousiller.

Avant de démarrer, mettez la voiture au point mort avec le frein à main serré.

Si c'est une automatique, mettez-la sur « park ».

Déblocage

Pour débloquer une voiture, vous avez besoin de :

- Un tournevis à tête plate.
- Un marteau.
- Des pinces (facultatif).

Insérez le tournevis dans le contact et forcez-le avec le marteau. Tournez-le à l'aide des pinces.

Court-circuit

Pour démarrer une voiture avec les fils de contact, il vous faudra :

- Un coupe-fil dénudeur.
- Des pinces.
- Des tournevis à tête plate et cruciforme.
- Un marteau.
- Des gants isolés.
- Du chatterton.

Retirez le cache en plastique au-dessus et en dessous de la colonne de direction. Vous pouvez soit le dévisser, soit le casser.

Repérez le faisceau de fils entrant dans la colonne de direction. Ce sera cinq fils connectés au cylindre du démarreur (où vous insérez la clé).

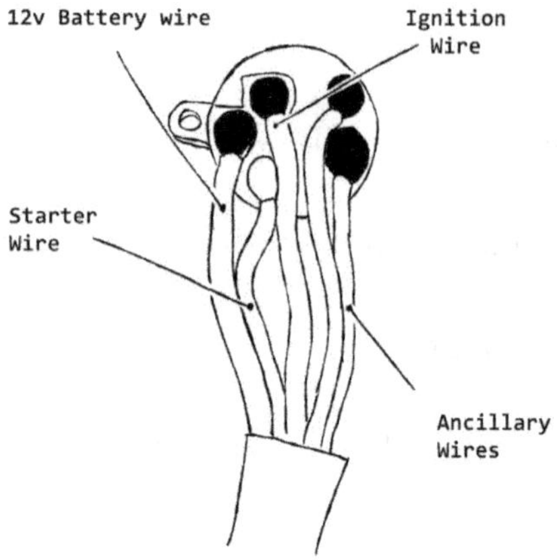

Sortez le cylindre du démarreur et coupez les trois premiers fils (batterie, allumage et démarrage) avec assez de longueur. Les couleurs varient selon la voiture.

Dénudez les fils, mais ne les touchez pas à mains nues. Prenez des gants isolants ou un chiffon.

Reliez les fils de batterie et d'allumage pour allumer le tableau de bord. Mettez le fil de démarrage en contact avec le fil de batterie/d'allumage pour démarrer la voiture.

Si la voiture a deux fils de démarrage, connectez-les ensemble et non au fil de batterie/d'allumage.

Une fois la voiture démarrée, entourez-le(s) fil(s) de démarrage avec du chatterton. Cela empêche qu'ils vous touchent ou touchent les autres fils. Pour arrêter le moteur, séparez les fils de batterie et d'allumage.

Antivol de Direction

Si une voiture est équipée d'un antivol de direction (Neiman), tournez le volant avec force dans un sens jusqu'à ce que les goupilles de verrouillage se cassent. Vous pouvez également localiser un interstice au centre de la colonne de direction, entre le volant et la colonne elle-même. Forcez votre tournevis à tête plate dans l'interstice pour repousser la goupille de verrouillage.

Chapitres Connexes :

- Vol à la Tire
- Crocheter des Serrures

SÉCURITÉ AUTOMOBILE

Voici quelques conseils pour la sécurité automobile en général.

Entretenez régulièrement votre voiture personnelle et vérifiez les éléments de base (huile, eau, pression des pneus, serrage des écrous de roue, etc.) chaque semaine. La pression optimale des pneus pour une conduite normale est de 10 pour cent sous la pression recommandée pour le pneu, et non par le manuel de la voiture.

Gardez toujours au moins 1/4 d'essence dans votre réservoir et collez une lame de rasoir sur la bandoulière comme outil d'échappement. Un brise-vitre est un autre outil de secours à garder à portée de main.

Réglez vos rétroviseurs latéraux pour une vision périphérique maximale. Si vous pouvez voir une partie de l'arrière de votre voiture, vous devez les écarter vers l'extérieur.

Lorsque vous conduisez, mettez toujours la ceinture de sécurité. Tenez le volant à pleines mains (le pouce à côté de vos doigts) aux positions 9 et 3 heures. Ne croisez jamais les mains ne tournez jamais le volant avec la paume. Déplacez vos mains sur le volant quand vous tournez.

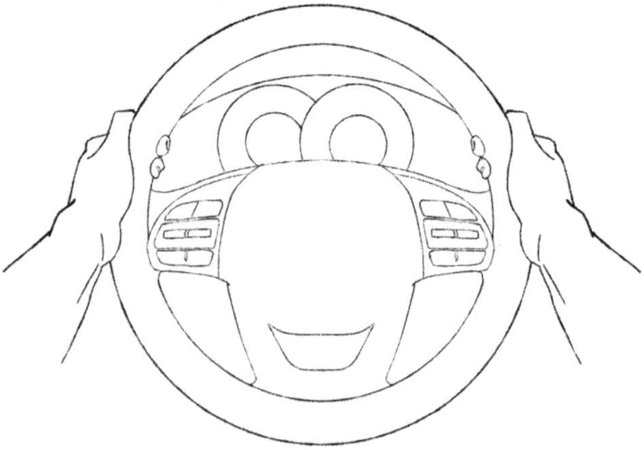

Pour éviter d'être victime de violence au volant, respectez le code de la route. Si vous faites une erreur, souriez et dites « désolé » au conducteur que vous avez affecté pendant que vous vous éloignez.

Si vous avez une crevaison, allumez vos warnings et roulez lentement sur la bande d'arrêt d'urgence jusqu'à ce que vous arriviez à un endroit suffisamment sûr pour changer la roue. Le bord de la route n'est pas sûr !

Apprendre quelques réparations de base peut vous sauver la vie. Au minimum, vous devez savoir :

- Changer une roue.
- Gonflez les pneus.
- Connecter la batterie.
- Démarrer avec des câbles si la batterie est déchargée.
- Vérifier et mettre à niveau les liquides de la voiture.

Si vous tombez en panne dans un endroit isolé ou dangereux, enfermez-vous dans la voiture et appelez les secours.

Pour les passagers, l'endroit le plus sûr dans une voiture est derrière le siège du conducteur. Dans l'éventualité d'un accident :

- Serrez votre ceinture de sécurité autant que possible.
- Croisez vos bras sur votre corps.
- Asseyez-vous droit, le dos et la tête calés dans votre siège.
- Détendez votre corps.

Kit de Sécurité Automobile

Gardez les articles suivants dans votre voiture en cas d'urgence :

- Petit extincteur.
- Pneu de rechange.
- Cric.
- Armes – une dans le coffre et une à portée de main du conducteur.

- Câbles de démarrage.
- Cordes pour le remorquage.
- Liquides de secours (huile, essence et liquide de refroidissement).
- Trois jours de nourriture et d'eau.
- Trousse de premiers secours.
- Équipement pour temps froid (couvertures, vêtements chauds, poncho).

Modifications sur la Voiture

Procéder à quelques modifications sur la voiture augmente les performances, la fiabilité et la sécurité. Voici les ajouts minimaux que vous devriez apporter :

- Alarme de voiture et antidémarrage.
- Navigateur GPS.
- Traceurs GPS.
- Pneus radiaux remplis de mousse anticrevaison.
- Phares à iode.
- Conduites de frein en acier inoxydable.
- Bouchon d'essence verrouillable.
- Boulon épais à travers le pot d'échappement.
- Rétroviseurs extérieurs électriques grand angle.

Si vous conduisez sur un terrain accidenté, remplacez les pièces suivantes par des versions plus résistantes :

- Radiateur.
- Amortisseurs et ressorts.
- Pompe de direction.
- Batterie.

Chapitre Connexe :

- Accidents de Voiture

CONDUITE D'ÉVITEMENT

Ce chapitre présente diverses techniques de conduite d'évitement. Certaines sont utiles dans la vie de tous les jours, mais d'autres peuvent être dangereuses. Pratiquez-les en toute sécurité.

N'essayez ces techniques que dans des voitures dont le centre de gravité est bas. Les SUV et les fourgonnettes risquent de se retourner.

Avant de vous mettre en danger ainsi que les autres conducteurs, assurez-vous d'être réellement filé.

Conduite à Deux Pieds

Si vous conduisez une voiture à boîte automatique, la conduite à deux pieds augmentera votre temps de réaction.

Pour ce faire, utilisez un pied pour freiner et l'autre pour accélérer, au lieu d'un seul pied pour les deux. Enfoncer les pédales avec la pointe de vos pieds.

Freinage Limite

Le freinage limite est une technique permettant de ralentir plus rapidement. Il améliorera vos virages et autres manœuvres précises.

Appliquez une pression progressive mais ferme sur le frein jusqu'à la limite où les roues se bloquent ou l'ABS s'enclenche. Si les roues se bloquent, relâchez un peu le frein, puis rappuyez dessus avec un peu moins de pression. Si vos pneus crissent, vous devez relâcher le frein, mais n'attendez pas que cela se produise.

Semer un Poursuivant

À moins que vous ne sachiez que votre voiture sèmera celle d'un poursuivant et que vous empruntiez de grandes routes, maintenez votre vitesse en-dessous de 100 km/h. Si vous allez plus vite, vous risquez l'accident.

Empêchez votre poursuivant d'arriver à votre hauteur en lui barrant le passage. S'il s'approche de vous, il aura un bon angle de tir ou il risque de vous percuter.

S'il vous tire dessus, slalomez (zigzaguez) pour éviter les balles. Si vous tirez derrière vous, visez le conducteur et/ou ses pneus avant. C'est mieux si c'est un passager qui fait feu. Installez-le sur le siège arrière pour qu'il puisse tirer dans n'importe quelle direction.

Pour sauter un trottoir, ralentissez à moins de 70 km/h et approchez-le à un angle de 45 degrés.

En dernier recours, quittez la route. Conduisez très prudemment, car il y aura de nombreux obstacles (creux, rochers, etc.). Si vous ne pouvez plus avancer, sortez et cachez-vous pour tendre une embuscade à vos poursuivants.

Négocier un Virage

Bien négocier un virage est essentiel lorsque vous virez au point de corde. Le point de corde est le point où vos roues sont les plus proches du bord intérieur du virage.

Si vous avez plusieurs longueurs de voiture entre vous et votre poursuivant, visez un point de corde tardif. Cela signifie que vous ralentirez avant d'entrer dans le virage mais que vous en sortirez plus rapidement, et plus vous sortirez vite, plus vous serez rapide dans la ligne droite après.

Si votre poursuivant est à moins de plusieurs longueurs de voiture, il est préférable de prendre un point de corde plus tôt. Sinon, il risque de vous rattraper dans le virage lorsque vous ralentissez.

Voici quelques techniques de virage spécifiques. Elles supposent que vous voulez prendre un point de corde tardif.

Pour négocier un virage à 90 degrés, commencez le plus loin possible vers l'extérieur. Appliquez le freinage limite à l'approche et relâchez vos freins lorsque vous êtes dans le premier tiers de votre virage. Accélérez en sortant du virage.

Dans les virages en S, roulez le plus possible en ligne droite.

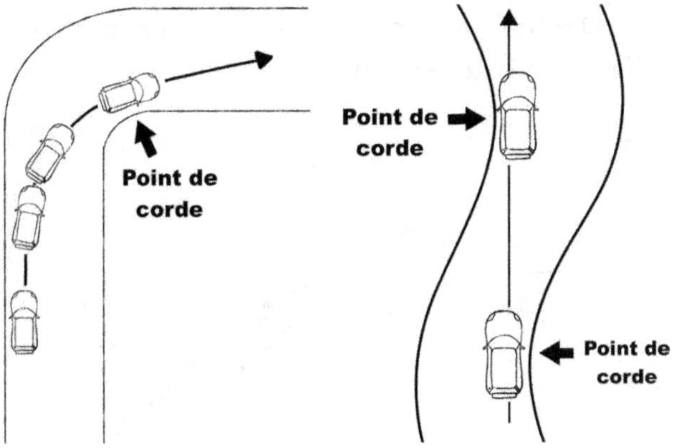

Pour négocier un virage en épingle à cheveux, abordez large la première moitié et traitez la seconde moitié comme un virage à 90 degrés. Prenez-le plus lentement que les autres virages.

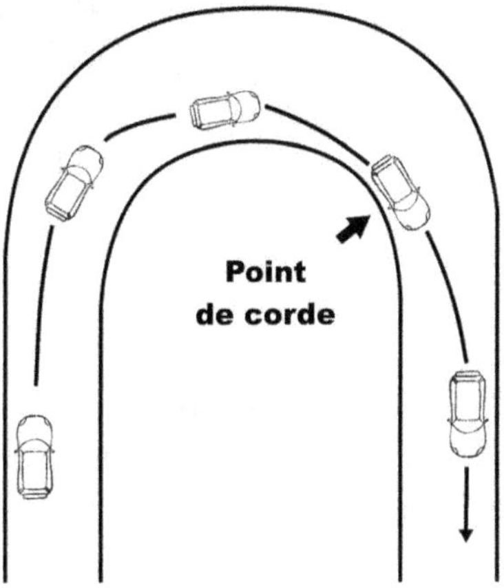

Virage à trois Points du Contrebandier

Il s'agit d'une variante du virage à trois points standard. Il vous permet d'inverser votre direction après un virage sur une route étroite.

Aussitôt après le virage, bifurquez dans une route (ou une allée) transversale. Dès que votre poursuivant vous a dépassé, faites marche arrière et repartez en sens inverse.

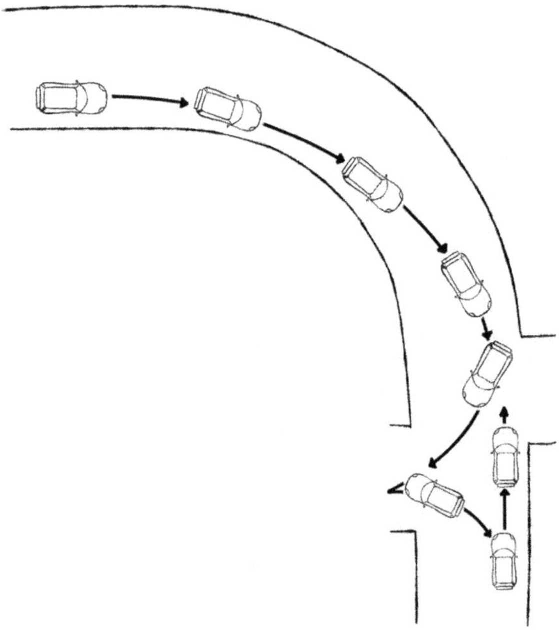

Virage « Bootleg »

Le virage « bootleg » standard est un virage à 180 degrés sur une route à deux voies. Il est utile après un virage sans visibilité ou sur un long pont sans division centrale.

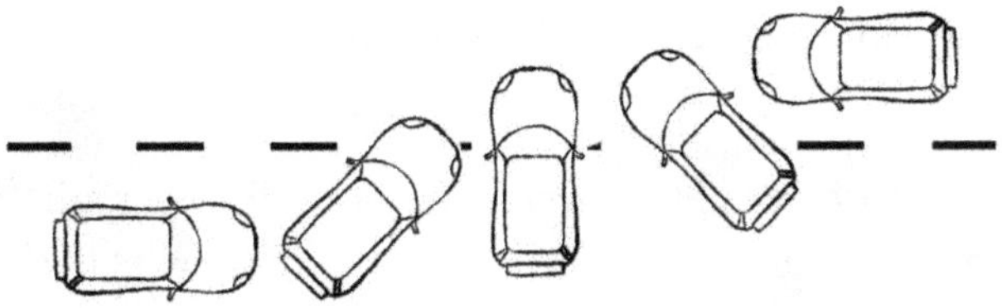

Si vous devez pratiquer cette manœuvre, gonflez vos pneus à 0,7 bar au-dessus du maximum recommandé. Cela les empêchera d'éclater. Attendez-vous à ce que vos pneus avant s'usent rapidement.

Pour éviter de vous retourner ou de perdre le contrôle, ne dépassez pas 50 km/h.

Si vous souhaitez faire demi-tour à gauche (comme sur l'image), procédez comme suit en succession rapide :

- Placez une main en haut du volant et l'autre sur le frein à main. Il est important d'utiliser le frein à main. Le frein à pied normal bloquera les pneus avant.
- Tournez légèrement le volant vers la droite.
- Actionnez le frein et tournez simultanément le volant brusquement vers la gauche jusqu'à ce que votre main soit proche de la position 6 heures.

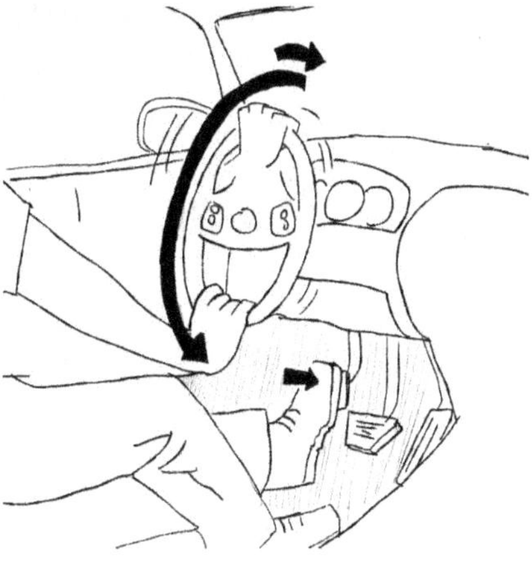

Si vous êtes dans une voiture à boîte manuelle, débrayez tout en freinant.

Lorsque la voiture est à 90 degrés, relâchez le frein à main, redressez le volant, passez à la vitesse inférieure (boîte manuelle) et accélérez.

N'écrasez pas l'accélérateur.

Marche Arrière à 180

Pour effectuer un demi-tour à 180 degrés sur une route à deux voies en reculant, utilisez la marche arrière à 180.

C'est utile devant un barrage routier, et avec suffisamment de pratique, vous pourrez l'effectuer sur une seule voie.

Comme pour le virage bootleg, gonflez vos pneus à 0,7 bar au-dessus du maximum recommandé et ne dépassez pas les 50 km/h.

Si vous voulez tourner à gauche (c'est-à-dire si la voie libre est à votre gauche) :

- Placez votre main à 4 heures (7 heures si vous voulez tourner à droite) et posez l'autre main sur le levier de vitesse.
- Accélérez en marche arrière jusqu'à 40 km/h environ. Utilisez vos rétroviseurs pour regarder derrière vous, au lieu de tourner la tête.
- Tournez légèrement le volant vers la droite, puis retirez votre pied de l'accélérateur, passez au point mort et tournez le volant brusquement vers la gauche aussi loin que possible. N'utilisez pas les freins.
- Lorsque la voiture est à 90 degrés, passez à une petite vitesse avant, redressez le volant et accélérez.

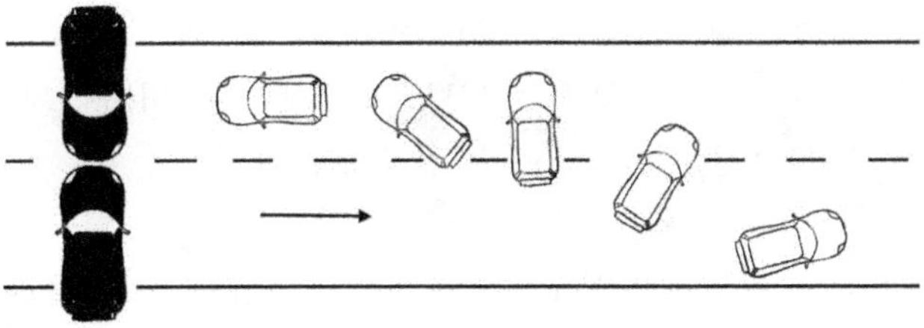

Couper la Route

Couper la route est une manœuvre que vous pouvez utiliser pour perdre un poursuivant dans la circulation. Sans l'indiquer, tournez devant les véhicules venant en sens inverse sur la voie opposée.

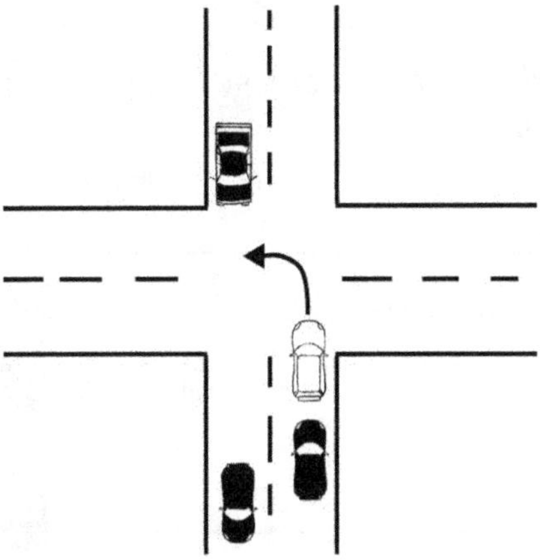

Forcer un Barrage de Voitures

Si vous tombez sur un barrage constitué de voitures, il est préférable d'en faire le tour.

Si ce n'est pas possible, votre objectif est de passer à travers.

À l'approche, ralentissez à moins de 30 km/h. Cela vous évitera de rendre votre voiture hors d'usage en cas d'impact et donnera aux gardes l'impression que vous vous arrêtez.

Visez à heurter le coin de la voiture qui fait barrage avec le coin de votre voiture. Tout contact d'un coin à l'autre fonctionnera, alors considérez ce qu'il y a derrière la voiture barrage. S'il n'y a rien à considérer, alors l'idéal est de percuter votre côté passager (le plus éloigné de vous) à l'angle arrière de l'autre voiture (le côté le plus léger).

Gardez votre pied sur l'accélérateur à une pression constante jusqu'à ce que vous soyez passé, puis accélérez.

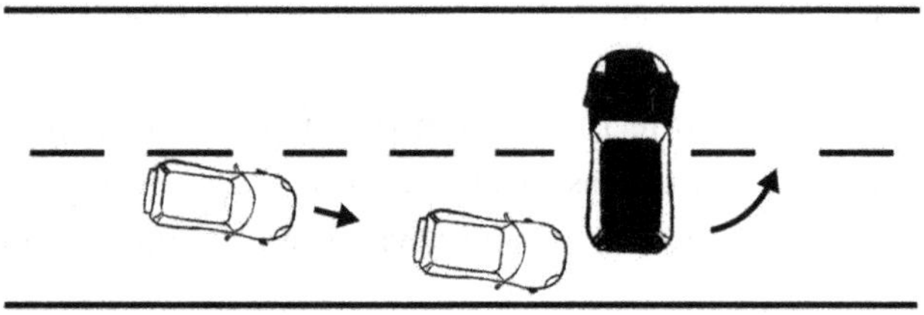

Lorsqu'il y a deux voitures, visez soit la voiture la plus facile à écarter, soit l'interstice central.

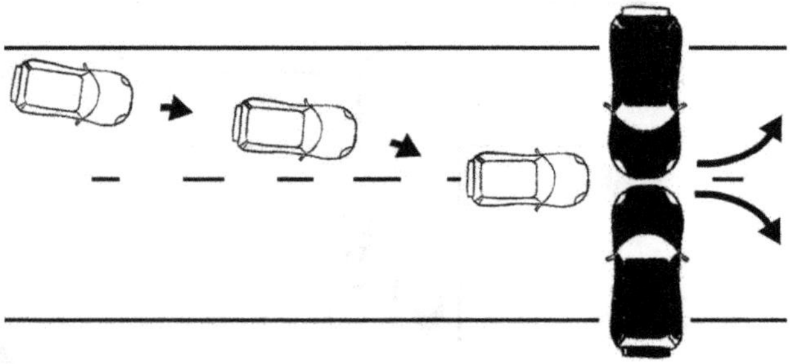

Sortir une Autre Voiture de la Route

Si vous parvenez à vous placer derrière votre poursuivant, vous pouvez utiliser les techniques suivantes pour l'éjecter de la route. À moins qu'il ne descende en dessous de 45 km/h, il va probablement s'écraser.

La première méthode est la technique d'immobilisation de précision. Alignez votre pare-chocs avant avec sa roue arrière. Maintenez votre vitesse et poussez votre pare-chocs avant dans sa roue arrière.

Freinez immédiatement et contournez-le pendant qu'il tourne devant vous.

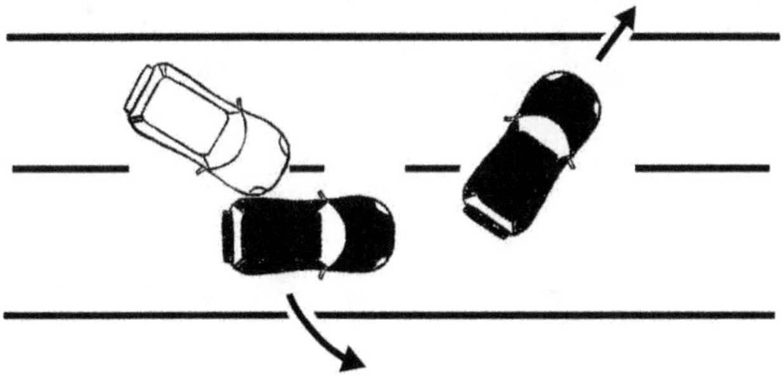

Pour exécuter la deuxième méthode, arrivez directement derrière lui et accélérez afin de rouler environ 20 km/h plus vite que lui. Percutez le coin de votre pare-chocs avant dans le côté opposé de son pare-chocs arrière. C'est un coup, pas une poussée.

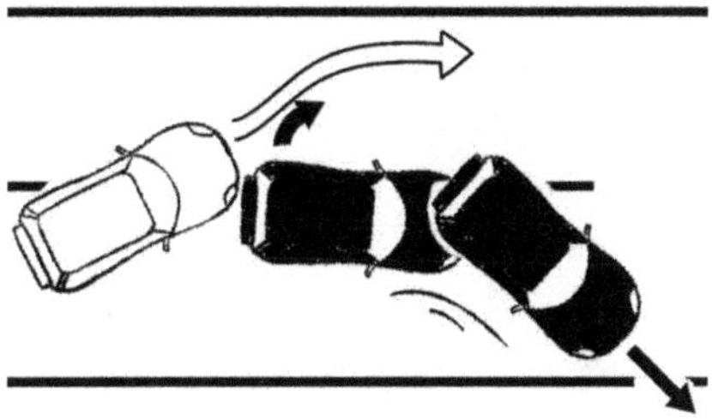

Pour la méthode finale, accélérez pour le dépasser. Lorsque vous le dépassez, flanquez le milieu de votre voiture dans le coin de son pare-chocs avant.

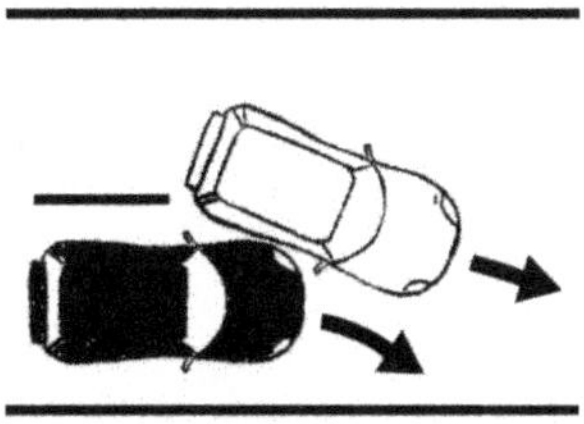

NÉGOCIATION

Connaître quelques tactiques de négociation de base est utile dans de nombreux domaines de la vie, des achats de biens de consommation aux affaires, en passant par convaincre vos enfants d'aller dormir. Dans le contexte des sujets abordés dans ce livre, cela peut vous aider à obtenir des avantages supplémentaires en tant que prisonnier, ou à négocier votre libération ou celle d'un être cher.

L'idée de base de toute négociation est de découvrir ce que veut l'autre partie, de trouver comment le lui donner et de l'échanger contre ce que vous voulez. La négociation est un processus non linéaire. Pour la réussir, vous devez acquérir cinq compétences principales :

- Écoute active.
- Obtenir des informations.
- Détecter les mensonges.
- Surmonter les obstacles.
- Marchandage.

Chacune de ces compétences est utile en soi. Un négociateur habile les emploiera pour se compléter.

Mais avant de pouvoir les appliquer, vous devez définir votre objectif minimum. Faites-en quelque chose de réaliste que vous serez heureux d'obtenir. Pendant les négociations, visez toujours à obtenir le meilleur marché possible, mais ne descendez jamais en dessous de votre objectif. Si vous n'obtenez pas l'offre que vous souhaitez, partez.

ÉCOUTE ACTIVE

L'écoute active est la base pour instaurer toute relation positive. Elle établit des relations et suscite des informations en même temps.

Pour pratiquer l'écoute active, consacrez toute votre attention à comprendre ce que dit la personne, à la fois verbalement et avec ses intonations et son langage corporel.

Dans une négociation formelle, portez une attention particulière au début et à la fin de la réunion, ainsi qu'aux moments de perturbation. Ce sont les moments où vous pouvez observer l'autre sans surveillance.

Lorsqu'il arrête de parler, faites preuve de compréhension en faisant écho à ce qu'il lui dit. Pour ce faire, répétez les trois derniers mots, ou les un à trois mots essentiels qu'il a prononcés, précédés de la phrase « Vous pensez/voulez/ressentez... » Une autre façon de faire écho est de déduire et de lui répéter ses sentiments, précédés des mots « Il semble/donne l'impression/on dirait que vous... » Vous pouvez utiliser l'écho comme affirmation ou question. La seule différence est votre inflexion.

Faites toujours une pause d'au moins cinq secondes après avoir fait écho. Cela lui donnera le temps d'intégrer, et dans la plupart des cas, il comblera le silence. Ne l'interrompez pas pour faire écho à nouveau ou pour autre chose. Lorsqu'il parle longuement, utilisez des phrases simples telles que « Oui », « OK » et « Je vois » pour montrer que vous êtes attentif.

Au début, vous devrez peut-être lui poser des questions pour le lancer. Commencez par des sujets banals tels que la famille et les intérêts. Laissez-le aborder ses objectifs, ses valeurs et ses désirs. Vous pouvez l'encourager un peu en cela pour accélérer le processus.

Une fois que vous savez ce qu'il veut (pouvoir, argent, sexe, etc.), déterminez comment vous pouvez le fournir ou le refuser, et utilisez-le comme levier lors de la négociation. Vous pouvez également tirer parti de ses valeurs. Personne ne souhaite être hypocrite.

Montrez un intérêt sincère pour ses objectifs et pour sa capacité à les atteindre. C'est un excellent générateur d'entente.

Lorsque votre opposant dit « C'est vrai », cela signifie que vous avez correctement fait écho à ce qu'il ressent. C'est plus authentique et engagé que « Oui », que l'on emploie souvent pour faire plaisir aux autres.

L'ultime « C'est vrai » survient lorsque vous résumez avec succès son point de vue global. C'est comme combiner et paraphraser toutes vos déclarations en écho d'une manière qui résume la façon dont il voit la situation.

Note : « C'est vrai » est différent de « Vous avez raison ». « Vous avez raison » s'apparente à « Oui ».

Établir une Entente

Il est beaucoup plus facile de négocier un accord avec quelqu'un avec qui vous êtes ami. Essayez d'établir une entente dès le début et continuez à le faire tout au long de l'interaction.

Outre l'écoute active, vous pouvez faire d'autres choses générales pour établir une entente.

Donnez une première impression positive lorsque vous rencontrez quelqu'un pour la première fois en le regardant dans les yeux et en lui disant « Bonjour, (nom) » tout en souriant sincèrement. Ce n'est pas pertinent avec une personne hostile (comme votre ravisseur), mais il est bon de le savoir pour les interactions quotidiennes.

Soyez poli et respectueux. « S'il vous plaît » et « merci » en font beaucoup. Être critique, argumenter ou donner des conseils non sollicités n'est pas poli. Les encouragements et les compliments le sont, mais seulement s'ils sont sincères. Personne n'aime les lèche-bottes. Vous n'êtes pas obligé d'être d'accord avec tout ce que dit votre opposant, mais ne soyez pas impoli.

Soyez responsable et digne de confiance. Admettez quand vous commettez une erreur (à moins qu'il n'y ait des ramifications juridiques) et allez au bout de ce que vous dites. Cela signifie que vous devez être franc sur ce que vous pouvez et ne pouvez pas faire. Souriez pendant que vous parlez (même au téléphone) pour projeter une attitude positive.

Évitez le mot « je ». Parler constamment de vous-même ou de ce que vous voulez le détournera de vous et de l'accord.

OBTENIR DES INFORMATIONS

Même hors négociation, vous désirez obtenir autant d'informations que possible de vos ravisseurs (ou autres). Vous ne savez jamais ce que vous pourriez découvrir, qui pourrait vous aider à vous échapper.

Lorsque vous ciblez quelqu'un pour obtenir des informations, optez si possible pour le maillon faible. C'est généralement celui qui est le plus gentil avec vous (vous donne de la nourriture supplémentaire, par exemple). Commencez par l'écoute active. Si cela ne suffit pas, essayez certaines de ces tactiques.

Soyez également vigilant envers ceux qui emploient ces tactiques contre vous, que ce soit en captivité (interrogatoire) ou dans la vie de tous les jours.

Obtenez de L'aide

Souvent, les gens sont contents de vous montrer comment faire quelque chose sans se rendre compte qu'ils ne devraient pas vous l'enseigner.

Flattez une Cible

Flattez votre cible sur ce qu'elle a fait (ou ce que vous croyez qu'elle a fait), et elle se fera un plaisir de vous dire exactement comment elle l'a fait.

Corrigez-moi

Faites une fausse déclaration pour inciter à la bonne réponse.

Dis m'en Plus

Lorsqu'il aborde un sujet qui l'intéresse, encouragez-le à en parler davantage avec une question ouverte, telle que : « Oh, ce n'est pas bien. Pourquoi est-ce arrivé ? »

Partagez vos Connaissances

Montrez que vous avez des connaissances sur un sujet donné, et il peut vous aider à combler les lacunes ou vous dire ce qu'il sait juste pour participer à la conversation.

Questions Indirectes

Les gens peuvent être sur la défensive lorsqu'on leur pose des questions directes. Posez des questions indirectes pour obtenir la réponse. Par exemple, au lieu de : « Qu'est-ce que Ryan a fait de mal ? » demandez : « Qu'auriez-vous fait différemment ? »

Sentiments Blessés

Les gens peuvent cacher des informations ou vous raconter des mensonges pour éviter de vous blesser. Assurez-leur que vos sentiments ne seront pas blessés et demandez-leur la vérité brute.

Suppositions

Lorsque quelqu'un dit « Je ne sais pas », demandez-lui quelque chose comme : « Quelle est votre meilleure estimation ? »

Confidence

Avouez un acte répréhensible similaire à une cible pour instaurer la confiance. Il peut avouer sa faute en retour.

Ce qui s'est passé n'est pas grave

Si vous soupçonnez que quelqu'un ment ou a fait quelque chose de mal, dites-lui que vous ne vous souciez pas de l'acte, mais plutôt que l'honnêteté dans votre relation ou sa motivation pour l'avoir fait (par exemple, s'il s'agissait d'un accident) est plus importante.

Donnez une Raison

Parfois, les gens ont besoin d'un petit coup de pouce pour divulguer des informations. Employez une formulation du genre « parce que », comme : « J'ai besoin de savoir si … parce que … ». Faites en sorte que la raison soit valable/sérieuse.

Dernière Chance

Informez votre cible qu'elle ne vous parle pas maintenant, elle n'aura pas d'autre chance. Donnez-lui une raison pour laquelle il n'y aura pas d'autre chance, ou expliquez ce qui pourrait arriver si elle ne parle pas.

Attaquez L'ego de Votre Cible

Déduisez que votre cible ne connaît probablement pas la réponse. Elle peut vous la donner comme preuve qu'elle la connaît.

Aidez Votre Cible

Dites à votre cible que vous pouvez l'aider à se sortir d'une mauvaise situation, mais que vous devez d'abord connaître les faits.

Chapitre Connexe :

- Écoute Active

DÉTECTER LES MENSONGES

Lorsque vous obtenez des informations, vous aurez besoin de trier le vrai du faux. Ces compétences sont également utiles pour détecter les mensonges en général.

Il y a certains signes comportementaux courants que les gens peuvent commettre lorsqu'ils mentent :

- Raconter une histoire confuse avec des contradictions.
- Répondre à votre question par une question ou une autre non-réponse.
- Blâmer les autres.
- Bloquer une enquête plus approfondie.
- Ne pas être capable de fournir de preuve.
- Confirmer, nier ou ne pas corriger de faux faits.
- Se référer constamment à d'autres gens avec des pronoms à la troisième personne (il, elle, ils, etc.).
- Bredouiller pendant que le cerveau formule le mensonge.
- Regarder loin de vous et/ou s'agiter. C'est une indication que la personne veut s'en aller.
- Être plus intéressés par les conséquences que par l'histoire.
- Savoir des choses qu'ils ne devraient pas savoir.
- Bouger peu ou se figer complètement.
- Réagir de manière excessive lors d'une confrontation.
- Se présenter comme dignes de confiance au lieu de répondre directement aux questions (vous parler de leurs bonnes actions ou de leur caractère religieux, par exemple).
- Vous fixer trop durement.
- Raconter des histoires qui ne correspondent pas à celles des autres. Interrogez toujours les complices séparément.
- Suggérer une peine plus légère pour le coupable « inconnu ».
- Avoir un ton de voix et un langage corporel qui ne correspondent pas à ce qu'ils disent. Par exemple, ils disent oui mais secouent subtilement la tête d'un côté à l'autre.

- Débiter beaucoup trop de mots.

Les signes ci-dessus peuvent indiquer un menteur, mais ils ne sont pas très fiables. Même si une personne en montre plusieurs, elle peut dire la vérité.

Une méthode plus précise consiste à étudier le schéma de comportement d'une personne lorsqu'elle ne ment pas. Pour ce faire, vous devez d'abord établir son comportement de non-menteur comme référence.

Lorsque ses manières entrent en conflit avec cette ligne de base, vous pouvez juger s'il ment ou non.

Établir le Comportement de Référence

Mettez votre cible à l'aise, physiquement et mentalement.

Posez des questions simples et ouvertes sur lesquelles il n'a aucune raison de mentir.

Étudiez son comportement et notez mentalement ses manières pendant qu'il parle.

Par exemple, repérez s'il tape des doigts, détourne le regard de vous, se ronge les ongles ou affiche des expressions faciales particulières. Ce sont là ses manières normales, en supposant qu'il parle sincèrement.

Maintenant, vous pouvez poser des questions auxquelles il répondre par un mensonge. Recherchez les signes courants d'un menteur, en ignorant tout ce que vous avez remarqué dans le cadre de son comportement normal.

Action

Si vous pensez que quelqu'un ment, essayez de lui faire répéter son mensonge trois fois au cours de la même conversation. Il est difficile de dire le même mensonge trois fois de suite, surtout s'il vient de l'inventer.

Pour ce faire, faites écho à ce qu'il vous dit, afin qu'il le confirme. Vous pouvez également poser une question pour lui faire réexpliquer cette partie de son histoire.

Par exemple, vous pouvez demander : « Comment avez-vous fait... déjà ? »

Confronter quelqu'un après avoir confirmé un mensonge n'est pas recommandé dans la plupart des cas.

À la place, servez-vous des connaissances pour prendre de meilleures décisions et continuez à obtenir des informations.

Chapitre Connexe :

- Obtenir des Informations

SURMONTER LES OBSTACLES

Un obstacle est tout ce qui empêche de conclure un accord. Le plus souvent, dans toute négociation sérieuse, les deux parties rencontreront de nombreux obstacles.

Il est important de vous rappeler que ce sont les obstacles que vous devez surmonter, pas la personne. Quels que soient les obstacles qui surviennent, restez calme et poli et concentrez-vous sur l'accord.

Voici quelques outils qui pourront vous servir à surmonter les obstacles dans une négociation.

Anticipez les Objections

Avant d'entamer des négociations, dressez la liste de toutes les objections que votre opposant pourrait émettre à votre offre. Pour vous faciliter la tâche, imaginez-vous à sa place, avec l'idée de vouloir démolir votre offre.

Pensez à une solution gagnant-gagnant et/ou à un retour positif à chaque objection que vous écrivez.

Faites-lui dire « non »

Faites en sorte que votre opposant dise « non » dès le début des négociations. Cela lui donnera une impression de contrôle, et une fois qu'il l'aura dit, il sera plus réceptif aux négociations.

S'il ne dit pas « non » naturellement, déclenchez-le en :

- Lui faisant écho d'une façon trompeuse pour qu'il soit en désaccord avec vous.
- Formulant des questions auxquelles la réponse positive sera un non, comme : « Est-ce que vous allez me frapper ? »
- Posant une question à laquelle on ne peut répondre que par la négative, comme : « Voulez-vous être arrêté ? »

Lorsqu'une personne refuse de dire non, cela indique qu'elle est indécise, confuse ou qu'elle a des intentions cachées. Dans ce cas, il est préférable de laisser tomber la négociation. Si vous avez besoin de la reprendre, essayez de trouver quelqu'un de plus haut placé avec qui traiter.

Demandez « Comment ? »

Les questions de type « comment » sont le moyen le plus simple de découvrir des solutions aux objections, qu'elles soient les vôtres ou celles de l'autre personne. Utilisez-les tôt et souvent.

Une question de type « comment » fonctionne parce qu'elle l'amène à imaginer des solutions et des stratégies de mise en œuvre. Cela lui confère un intérêt personnel, puisque ce sont ses idées.

Lorsque vous posez une question « comment », faites-le dans un état d'esprit axé sur la résolution de problèmes. Sinon, cela peut ressembler à une accusation.

Si une question « comment » semble déplacée, essayez une question « quoi », comme : « Que puis-je faire pour que ce problème disparaisse ? »

Ne demandez jamais « pourquoi ? » C'est une accusation.

Employez « Parce que »

Les gens sont plus susceptibles d'accéder à votre demande lorsque vous donnez une raison, et la façon la plus simple de le faire est d'inclure le mot « parce que » dans votre demande. Par exemple, vous pouvez dire : « Il vaut peut-être mieux… (action) parce que… (raison) ». Adoptez un ton de voix raisonnable pour que cela sonne comme une demande et non comme une exigence.

Combiner « comment » et « parce que » fonctionne très bien aussi. Par exemple, dites : « Comment voulez-vous que nous… ? Parce que… » Vous pouvez également remplacer « parce que » par « quand » (qui est essentiellement le même mot dans ce contexte), de sorte que la question devient : « Comment pouvons-nous … quand … ? »

Soyez Juste

Les gens sont plus susceptibles de vous respecter si vous les traitez avec équité. Si vous êtes accusé d'être injuste, demandez : « En quoi suis-je injuste ? » pour découvrir l'objection.

N'accusez jamais directement votre opposant d'être injuste. Cela ne fera que le rendre hostile. Impliquez-le avec des questions « comment ». Par exemple, dites : « Comment suis-je censé… quand vous… ?

Délais

Les gens imposent souvent des délais pour précipiter un accord, mais ils ne sont presque jamais gravés dans le marbre.

Quand les menaces deviennent plus précises, commencez à faire attention. Vous pouvez juger de la spécificité des menaces par le nombre de réponses aux « quatre questions » (quoi, qui, quand et comment). Plus il y a de réponses, plus une menace est précise.

Décliner une Offre

Dire « non » étouffe directement la négociation et peut offenser votre opposant. Il y a des moyens de décliner en douceur, ce qui lui permet de faire des contre-offres sans perdre la face. Vous pouvez dire non de plusieurs façons sans prononcer ce mot avant de devoir prendre clairement position. Employez-les toutes.

Lorsque vous vous opposez à quelque chose pour la première fois, résumez la situation et posez une question « comment », telle que : « Comment sommes-nous censés… ? » ou « Comment saurais-je si… ? » Faites-le plusieurs fois si la situation le permet.

Si vous vous opposez à sa prochaine offre, soulignez sa générosité, excusez-vous et refusez : « C'est une offre généreuse mais je suis désolé, elle ne peut pas m'être utile. »

Pour votre prochain rejet, excusez-vous et déclinez : « Je suis désolé mais je ne peux vraiment pas faire ça. »

Pour refuser à nouveau, dites : « Je suis désolé, mais non. » Si ce n'est pas assez ferme, donnez-lui un « non » catégorique. Abaissez l'inflexion de votre voix pour rendre votre réponse plus douce.

Solutions non Monétaires

Lorsque l'argent est un obstacle qui ne bougera pas, voyez s'il peut offrir autre chose pour adoucir l'accord pour vous. Demandez des choses qui lui coûteront rien ou pas grand-chose, mais qui ont de la valeur pour vous.

Les Autres Gens

Il arrive souvent que vous ne négociez pas avec la (ou les) seule(s) personne(s) que l'accord affectera. C'est (généralement) un obstacle caché qui peut causer des problèmes plus tard.

Anticipez cela en demandant comment l'accord affectera les autres personnes concernées. Découvrez si elles y sont favorables et/ou quelles objections elles émettent.

Un autre obstacle lié aux gens est l'introduction de nouveaux négociateurs. Cela signifie presque toujours que votre opposant envisage d'adopter une ligne plus dure. Si cela se produit, recommencez là où vous vous êtes arrêté. Réitérez ce que vous avez négocié jusqu'à présent, pratiquez l'écoute active et surmontez tout nouvel obstacle.

Chapitre Connexe :

- Écoute Active

MARCHANDAGE

Lorsque l'écoute active et vos outils pour surmonter les obstacles ne sont pas efficaces, vous devez recourir au marchandage.

Le marchandage est également un bon point de départ pour des négociations de prix rapides, comme sur un marché de plein air.

Le modèle Ackerman est une stratégie de marchandage avec un certain nombre d'outils psychologiques intégrés. Bien qu'il soit basé sur des négociations monétaires, vous pouvez également l'adapter à d'autres choses. Ce modèle suppose que vous essayez d'obtenir quelque chose à un prix inférieur (c'est-à-dire que vous êtes « l'acheteur »), mais il fonctionne également si vous êtes le « vendeur ».

Étape 1. Définissez Votre Prix Cible

Annoncez un chiffre ambitieux mais possible. Ce ne doit pas être un chiffre rond. Au lieu de 500 $, par exemple, annoncez 497,98 $.

Étape 2. Définissez un Prix Plancher

Laissez l'autre faire la première offre.

Répliquez avec 65% de votre prix cible, en supposant que son offre n'était pas meilleure que cela.

Faire une première offre très basse réduit les attentes de votre opposant et vous donne une marge de manœuvre. Il peut essayer la même chose avec sa première offre. Ne laissez pas cela changer la vôtre. Tenez-vous en à votre plan.

Vous pouvez anticiper une objection à votre prix bas (ou élevé) en vous référant à d'autres cas, tels que le coût en ligne ou combien facturerait une autre entreprise.

Étape 3. Augmentez votre Offre par Incréments Décroissants

Vos deuxième et troisième offres devraient représenter respectivement 85 % et 95 % de votre prix cible, votre offre finale étant de 100 %.

Augmenter vos offres de cette manière (65, 85, 95, 100) donne l'impression que vous êtes serré.

Employez tous vos outils pour surmonter les obstacles et dites non avant chaque augmentation. N'augmentez jamais votre offre avant que votre opposant n'ait fait une contre-offre.

Étape 4. Concluez ou Laissez Tomber

Parfois, les gens ont besoin d'un petit coup de pouce supplémentaire pour conclure l'affaire. Utilisez un appel à l'action, comme « Faisons ça ». Si cela ne suffit pas, montrez à votre opposant ce qu'il perdra s'il ne progresse pas. Les gens sont plus susceptibles de prendre des mesures s'il cela génère une perte plutôt qu'un gain égal.

Une fois que vous avez convenu des conditions, passez-les en revue et concevez une stratégie de mise en œuvre (le cas échéant). Une bonne façon de procéder consiste à poser une question « comment », telle que : « Comment allez-vous faire cela ? »

Si vous n'êtes pas satisfait de l'accord, laissez tomber.

Chapitre Connexe :

- Écoute Active
- Surmonter les Obstacles

RASSEMBLER DES RESSOURCES

Une fois que vous avez collecté des informations et créé un plan d'évasion, vous devez mettre la main sur des choses qui vous aideront à vous échapper et, le cas échéant, à survivre après coup (si vous êtes retenu captif dans la nature, par exemple). En même temps, il vaut mieux éviter de transporter trop de choses, car cela gênerait votre évasion.

ARTICLES UTILES

Dans l'idéal (peu probable), vous aurez un sac à dos garni de tout ce dont vous avez besoin. Voici quelques éléments à envisager, avec des exemples entre parenthèses :

- Défense (pistolet, couteau).
- Evasion (outils d'effraction, dispositifs de diversion).
- Navigation (carte, boussole).
- Feu (allumettes, silex et acier).
- Eau (bouteille d'eau, filtre, pastilles de purification).
- Nourriture (barres chocolatées, viande séchée).
- Abri (poncho, couverture de survie).
- Signalisation (miroir, sifflet, lampe torche, téléphone portable).
- Premiers secours (pansements, antibiotiques, iode).

Vous procurer la plupart de ces choses sera quasi impossible pendant votre capture, mais une fois que vous vous êtes échappé, vous pouvez les trouver et/ou les improviser pendant votre fuite. Pour en savoir plus sur la façon de procéder, visitez :

www.SFNonFictionbooks.com/Foreign-Language-Books

Même en captivité, vous pouvez rassembler des objets utiles, comme des clous, des morceaux de verre ou des cordages. Ne rejetez rien tant que vous n'avez pas envisagé toutes les utilisations possibles.

Si vous mettez la main sur un stylo, dessinez une carte à l'intérieur de vos vêtements.

Mangez tout aliment supplémentaire qui vous est donné en captivité pour reprendre des forces. Une fois en bonne santé, commencez à faire des réserves pour votre évasion ou si vos ravisseurs cessent de vous nourrir.

Baluchon

Si rien d'autre n'est disponible et que vous avez les ressources, faites un baluchon pour transporter vos affaires. Trouvez un carré de tissu d'environ 90 cm de côté. Un tissu solide et imperméable est préférable.

Placez deux petites pierres dans des coins opposés et repliez les coins du tissu sur les pierres.

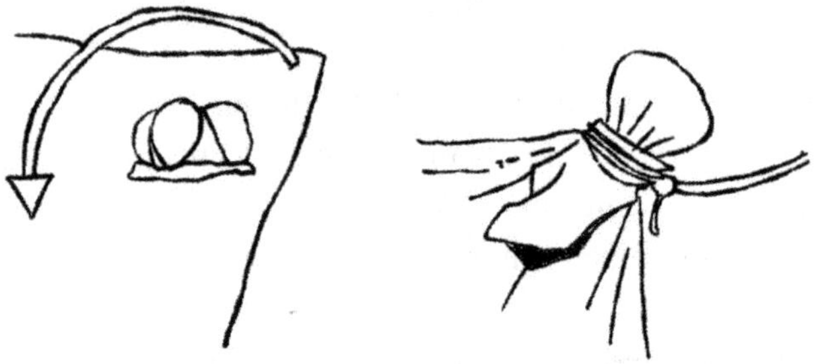

Étalez le tissu par terre et disposez vos affaires le long d'un bord. Placez les objets les plus utilisés à l'extérieur et rembourrez les articles durs. Enroulez serré vos affaires dans le tissu.

Avec une longueur de corde, attachez chaque extrémité sous les pierres, puis fixez le tout autour de votre corps dans une position confortable à porter.

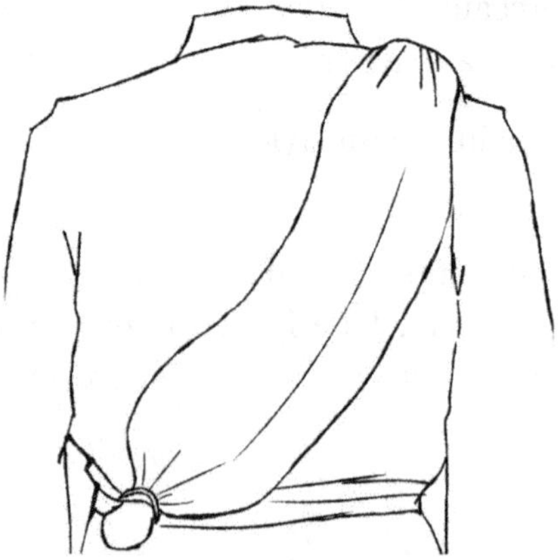

VOL À LA TIRE

Savoir comment piquer dans les poches peut vous aider à rassembler des ressources auprès de vos ravisseurs ou dans la rue lorsque vous êtes en fuite. Ces leçons vous fourniront également une protection contre les pickpockets.

Un pickpocket qui réussit est un homme gris. C'est quelqu'un que les autres ignorent et dont ils ne s'inquiètent pas. Devenez ce personnage invisible et votre habileté à faire les poches s'améliorera.

Choisissez une Marque

Une marque est la personne que vous envisagez de voler. Elle est votre victime.

Choisissez la personne qui a le plus de valeur. Dans la rue, ce serait quelqu'un ayant beaucoup d'argent et/ou des clés de voiture. En tant que captif, vous pourriez choisir quelqu'un qui a les clés de votre cellule ou possède une arme.

La seule façon de déterminer qui a quoi est l'observation. Si vous avez besoin d'argent, allez dans des endroits où l'argent est visible, comme les distributeurs automatiques, les champs de courses, les bars et les banques.

Les personnes âgées sont des marques plus faciles car elles ont souvent besoin d'aide, ce qui permet de s'en approcher. Elles sont également moins sensibles à vos mouvements.

Une fois que vous avez une marque, suivez-la jusqu'à ce qu'une opportunité se présente.

Déterminer L'emplacement

N'essayez jamais une tire (l'acte de prendre quelque chose) sans savoir où se trouve l'objet.

Regarder où votre marque met un objet de valeur est le moyen le plus fiable de confirmer son emplacement. Une autre option consiste à rechercher le poids et/ou la forme de l'objet. Votre marque peut le vérifier périodiquement, en posant ses mains dessus pour s'assurer qu'il est toujours là.

La poche arrière est la plus facile à tirer. Un pickpocket expérimenté peut atteindre n'importe quelle poche, mais en tant qu'amateur, vous devriez éviter :

- Les pantalons serrés.
- Les poches avant.
- Les poches intérieures de veste.
- Un portefeuille rangé sur le côté (c'est-à-dire dans une position où le pli n'est pas orienté vers le haut ou vers le bas).

Attendez ou Créez un Impact de Diversion

Piquez dans la poche de votre marque quand elle est distraite. Les gens ne peuvent se concentrer que sur une chose à la fois. Vous voulez que votre marque se concentre sur n'importe quoi sauf vous ou ce que vous voulez lui prendre.

Le meilleur type de diversion est celui qui provoque un petit impact physique avec lui. Car toute sensation d'une force plus grande annule celle d'une force moindre. Par exemple, si quelqu'un lui tape sur l'épaule, il risque moins de vous sentir lui enlever son portefeuille.

Les impacts de diversion peuvent survenir naturellement dans des endroits bondés, sinon vous pouvez les créer. Par exemple, vous pouvez renverser quelque chose sur lui (de préférence quelque chose de chaud) ou le heurter en faisant semblant d'être ivre.

Tirez L'objet

La prise à deux doigts est un moyen facile de soulever des objets de différentes formes et tailles, tels qu'un téléphone, des clés ou un portefeuille, surtout s'ils se trouvent dans une poche arrière ou extérieure.

Tenez-vous derrière votre marque et faites un « V » étroit avec votre index et votre majeur.

Glissez vos doigts dans sa poche, juste assez pour toucher l'objet, mais pas plus.

Tirez-le d'un coup sec et énergique pendant que la diversion se déroule.

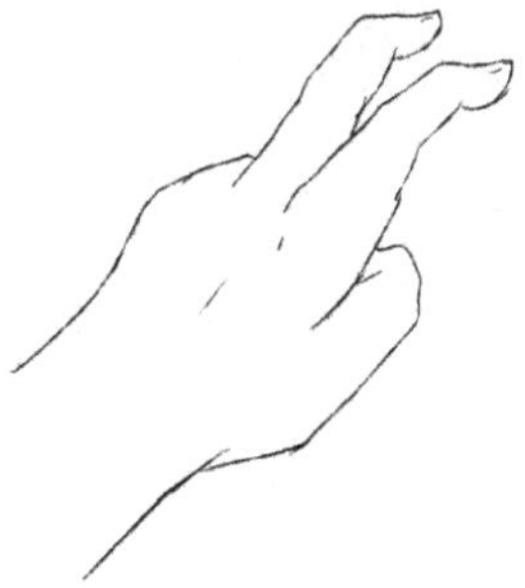

Lorsque vous avez le temps, par exemple lorsque vous faites la queue, vous pouvez tirer un téléphone ou un portefeuille petit à petit. Faites en sorte que vos mains soient bien visibles après chaque mouvement important.

Abandon

Si une marque suspicieuse se retourne, jetez le portefeuille par terre, puis ramassez-le en disant : « Je crois que vous avez perdu ça. »

Si on vous surprend avant que la tire ne soit terminée, faites comme si c'était un accrochage accidentel.

Si vous êtes accusé, niez tout. Fuyez si nécessaire.

Entraînez-vous

Le vol à la tire est une compétence, et comme toute compétence, il faut de la pratique pour que vous soyez bon dans ce domaine.

Pratiquer sur de vraies marques n'est pas une bonne idée, mais s'entraîner sur de vraies personnes est essentiel, car elles peuvent apporter des commentaires. Si vous avez besoin d'une couverture, dites-leur que vous apprenez des tours de passe-passe.

Si une personne réelle n'est pas disponible, utilisez un mannequin, un manteau sur une chaise et/ou un pantalon rempli de chiffons.

Chapitre Connexe :

- Arnaques Courantes et Petits Larcins

OUVRIR DES SACS FERMÉS

L'ouverture d'un sac fermé peut révéler des objets qui vous seraient utiles pour vous échapper.

Ouvrir un sac Zippé

Pour ouvrir un sac zippé, déplacez les fermetures éclair jusqu'à une extrémité. Utilisez un stylo à bille pour ouvrir la glissière de la fermeture éclair (coincez-le entre les dents) et prenez ce qu'il vous faut. Rezippez le sac et il fonctionnera normalement.

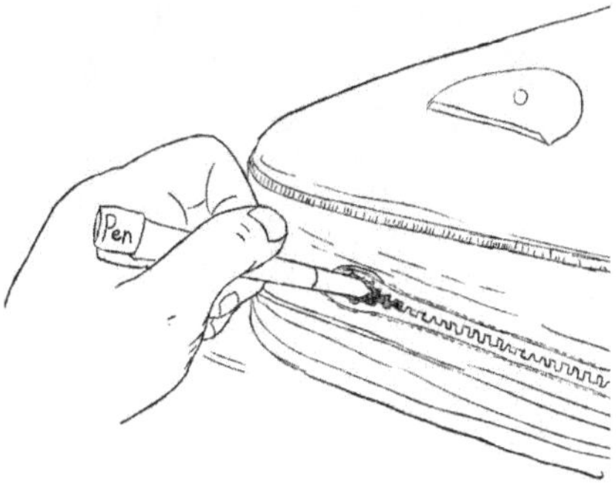

Serrures de Bagages

Vous pouvez crocheter ces petites serrures bon marché avec un trombone.

Pliez une extrémité du trombone en une petite boucle. Insérez la boucle dans la serrure et déplacez-la jusqu'à ce que vous trouviez la pince. Faites tourner le trombone jusqu'à ce que le verrou s'ouvre.

SE LIBÉRER DE LIENS

Jusqu'à ce que vous soyez dans un endroit sûr, vos ravisseurs vous attacheront probablement.

Voici diverses techniques pour vous libérer de liens courants tels que le ruban adhésif, les attaches zippées, la corde et les menottes. La technique que vous utiliserez dépend du matériel utilisé pour vous attacher.

SE POSITIONNER ET SE DÉGAGER

Pour vous positionner de façon à vous libérer plus facilement, présentez vos mains devant vous et prenez du volume en :

- Gonflant votre poitrine.
- Fléchissant vos muscles.
- Plaçant vos avant-bras en bas pour que les liens s'enroulent autour de la plus grande largeur de vos bras.
- Écartant vos mains tout en gardant vos pouces joints. Cela crée l'illusion de paumes fermées, tout en laissant un interstice au niveau de vos poignets.

Une fois attaché, reprenez votre taille normale pour créer des espaces grâce auxquels vous pouvez vous dégager.

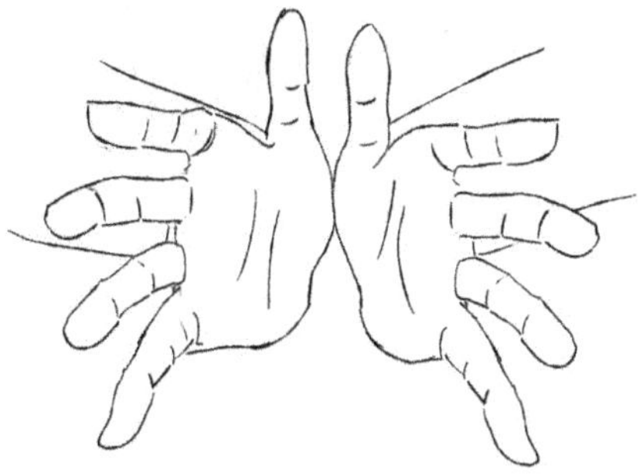

Si vous êtes assis sur une chaise, inspirez profondément et cambrez le bas du dos.

Tendez vos bras autant que possible sans que cela paraisse évident et déplacez vos pieds vers l'extérieur des pieds de la chaise.

Si possible, serrez un peu de corde dans votre poing.

Une fois seul, ne vous repositionnez pas avant d'avoir accédé aux liens et élaboré un plan d'évacuation. Inutile d'aggraver les choses ou être pris sur le fait sans plan.

Si vos mains sont derrière vous, déplacez-les d'un côté de votre corps et regardez vers le bas. Vous pouvez également utiliser n'importe quelle surface réfléchissante, telle qu'une fenêtre ou un miroir.

Pour mettre vos mains devant vous, abaissez-les à l'arrière de vos genoux et passez par-dessus une jambe à la fois.

Pour vous dégager de la corde, tendez vos bras devant vous et appuyez vos mains à plat l'une contre l'autre. Faites bouger vos bras d'avant en arrière jusqu'à ce que vous puissiez en sortir un.

COUPER

De nombreux types de liens sont faciles à défaire si vous avez quelque chose pour les couper, comme une lame de rasoir, du verre ou une canette en aluminium. Attention à ne pas vous couper, surtout dans une artère.

Si vous n'avez rien de tranchant, trouvez un angle de 90 degrés. Une surface rugueuse, comme le coin d'un mur, une chaise ou un meuble, fonctionne mieux. Mettez vos mains au milieu du bord et faites un mouvement de sciage jusqu'à ce que le matériau soit coupé.

Si vous avez de la paracorde, formez une boucle de pied à chaque extrémité. Insérez la paracorde entre le lien et votre corps. Placez vos pieds dans les boucles et allongez-vous sur le dos. Faites un mouvement de pédalage avec vos pieds pour scier les liens.

FORCER

L'élan et la force vont déchirer le ruban adhésif. Si vous devez le faire, effectuez ces actions brusquement :

Pour libérer vos chevilles, tournez vos pieds vers l'extérieur en V. Accroupissez-vous rapidement, en plantant vos fesses dans vos talons.

Pour vos poignets, étendez vos mains vers l'avant à hauteur d'épaule, puis ramenez vos coudes au-delà de votre cage thoracique.

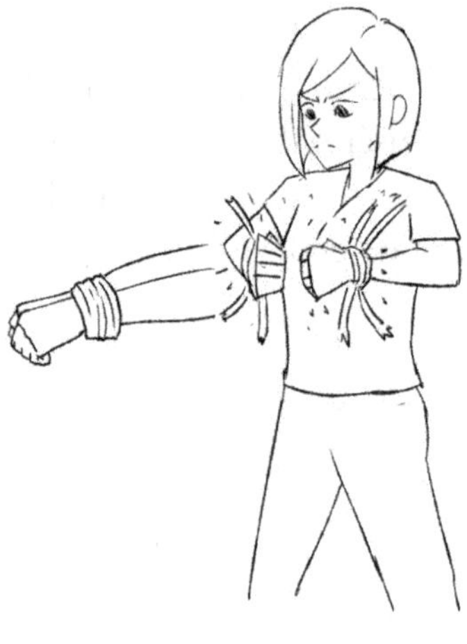

Une autre méthode pour libérer vos poignets par la force consiste à lever les bras bien au-dessus de votre tête, puis à les baisser sur les côtés, au-delà de vos hanches.

Pour utiliser cette méthode pour vous échapper de serre-câbles, déplacez d'abord le mécanisme de serrage à l'endroit où les paumes de vos mains se rencontrent, ou aussi près que possible.

Si vous êtes scotché à une chaise, penchez-vous en arrière aussi loin que possible.

Penchez votre tête vers vos genoux comme si vous preniez la position de sécurité dans un avion.

Pour les menottes, utilisez un morceau de métal épais (comme une attache de ceinture de sécurité) pour écarter les mâchoires et casser le rivet. Attendez-vous à vous couper en faisant cela.

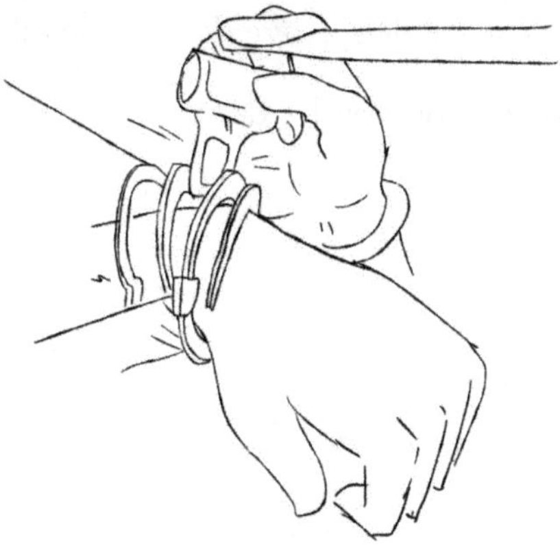

Chapitre Connexe :

- Couper

CALER

Utilisez n'importe quel fil de fer fin (par exemple, un trombone) pour ouvrir le mécanisme de serrage des serre-câbles.

Coincez le fil entre le cliquet et les dents du serre-câble, puis séparez vos poignets.

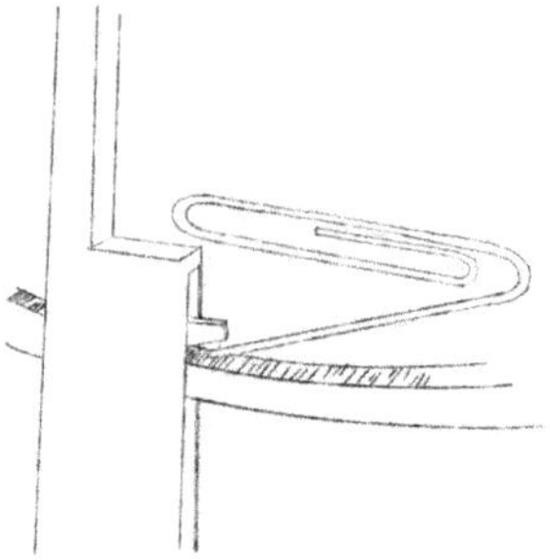

Vous pouvez utiliser le même principe sur des menottes qui ne sont pas à double verrouillage, mais la cale doit être plus robuste. Une pince à cheveux ou une barrette à cheveux fonctionne bien.

Enfoncer la cale entre les dents et le cliquet. Une fois qu'elle est aussi loin que possible, serrez un peu plus les menottes sur vous pour enfoncer la cale plus profondément. Cela ouvrira les menottes afin que vous puissiez dégager votre main.

Assurez-vous que votre cale n'est pas trop fine/faible, sinon elle se coincera. Par exemple, si vous utilisez une canette en aluminium, doublez-la.

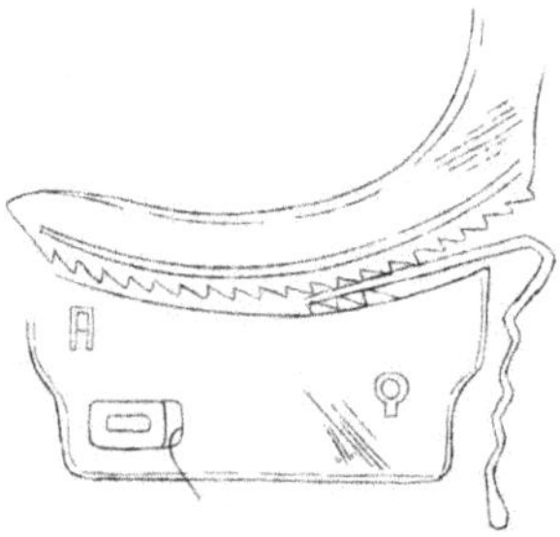

CROCHETER

Le crochetage est un moyen plus sûr de retirer des menottes car vous n'avez pas besoin de les resserrer. Il fonctionne également sur les menottes à double verrouillage.

Prenez une pince à cheveux ou un gros trombone pour créer le crochet. Dépliez-le et faites deux pliages à 90 degrés. Si vous utilisez une pince à cheveux, faites des pliages sur le côté lisse de celle-ci.

Vous pouvez utiliser le trou de serrure des menottes pour faire les pliages.

Tenez votre main de manière que les dents des menottes soient en bas. Insérez l'extrémité pliée de votre crochet dans la petite fente du trou de la serrure jusqu'à ce qu'elle touche le métal.

Tirez-le vers le sol et vers la droite en deux mouvements distincts. Cette action ne nécessite pas de force.

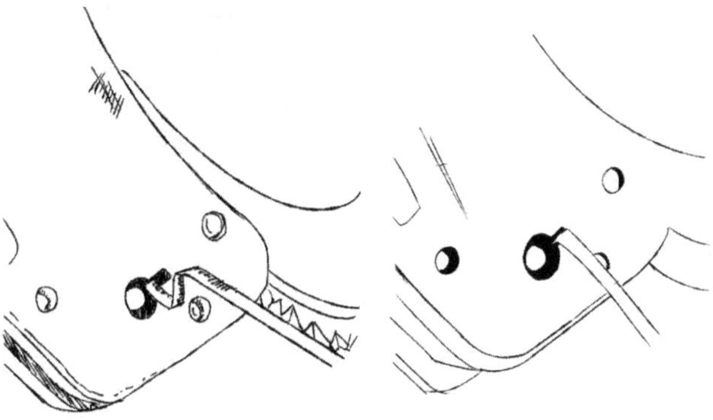

Pour les menottes à double verrouillage, ouvrez d'abord l'autre côté de la même manière.

SURVIVRE EN ÉTANT ENTERRÉ VIVANT

Être enterré vivant est une mort sinistre et une évasion est peu probable, mais vous pouvez au moins essayer.

Si vous êtes dans un cercueil, votre oxygène est limité, vous devez donc vous échapper le plus vite possible. Essayez de ne pas paniquer et conservez l'air en prenant de grandes respirations et en les retenant aussi longtemps que possible.

Utilisez n'importe quel objet dur dont vous disposez pour taper SOS sur le couvercle.

L'autre option est d'essayer de sortir. Cherchez où les planches s'associent et grattez le cercueil à cet endroit avec quelque chose de dur pour le rendre plus facile à casser. Vous allez faire une petite fissure pour que de la terre tombe à travers. Cela assouplira la terre au-dessus.

Retirez votre chemise et fermez le bas avec un nœud. Passez votre tête par le col afin qu'elle soit à l'intérieur de la chemise. Cela vous évitera d'étouffer.

Poussez avec vos pieds contre le couvercle du cercueil pour le casser.

Lorsque la terre commence à dégringoler, dégagez-la sous vos pieds à l'aide de vos mains. Essayez de remplir le cercueil de terre. Une fois le cercueil plein, commencez à creuser et essayez de rester dans la bulle d'air jusqu'à ce que vous arriviez à la surface.

S'ÉVADER DE PIÈCES ET DE BÂTIMENTS

Pour vous échapper, vous devrez franchir des portes, des portails et/ou des fenêtres.

Ces informations sont également utiles pour vous rendre dans des endroits au cas où vous auriez besoin de vous cacher tout en échappant à vos ravisseurs. Enfin, vous pouvez les utiliser pour renforcer la sécurité de votre maison.

Ne pratiquez les techniques de cette section que sur votre propre propriété. Sinon, vous risquez de vous retrouver capturé par la police !

ATTACHER UN GARDE

Après avoir assommé un garde, attachez-le avec ce que vous pouvez pour qu'il ne puisse pas vous poursuivre ou alerter les autres lorsqu'il se réveille. Ces méthodes sont également utiles pour retenir un intrus jusqu'à l'arrivée de la police.

Attache des Bras

Attachez toujours les poignets d'une personne dans son dos. Placez ses mains jointures contre jointures, paumes ouvertes. Si vous avez suffisamment de matériel, attachez également ses coudes. Une fois ceux-ci sécurisés, adaptez ces méthodes à ses chevilles et à ses genoux si vous le pouvez.

Si vous utilisez de la paracorde ou quelque chose de similaire, faites un nœud Prusik sur votre doigt. Le chapitre « S'échapper des hauteurs » contient plus d'informations sur les nœuds Prusik.

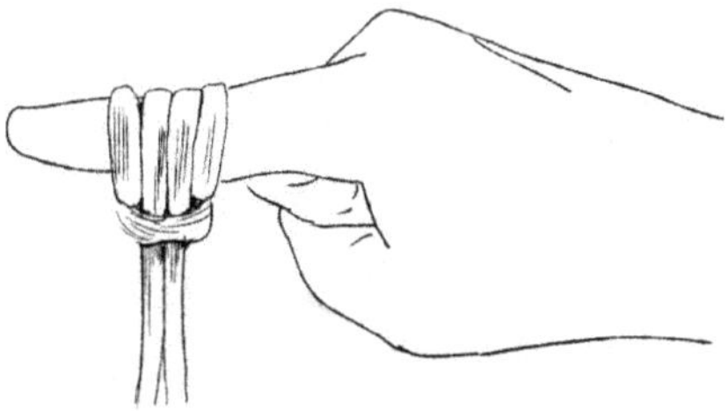

Insérez les extrémités courantes dans le Prusik et serrez-les pour créer des boucles.

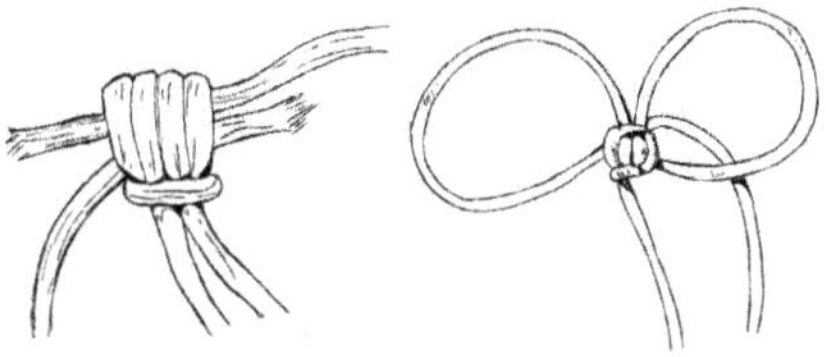

Passez un poignet dans chaque boucle et serrez les boucles.

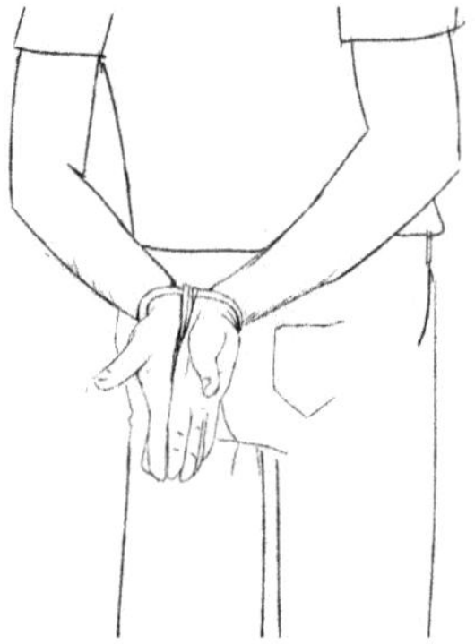

Si vous utilisez des serre-câbles, bouclez-en deux ensemble sans serrer.

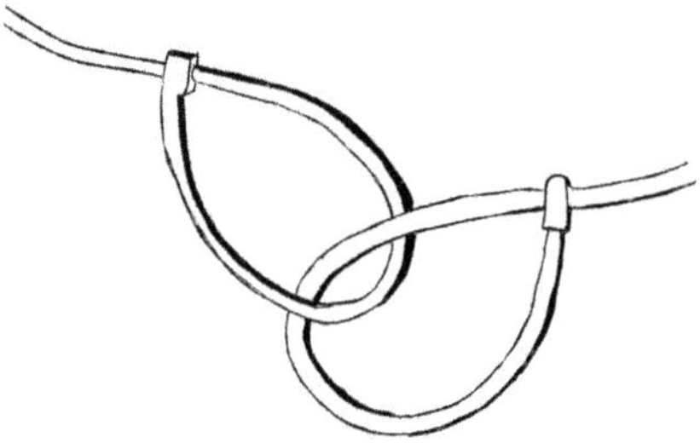

Serrez un serre-câble autour de chaque poignet.

Si vous utilisez une ceinture ou quelque chose de similaire, attachez les poignets de la personne avec la ceinture insérée dans la boucle. Tirez-la fermement, puis attachez le reste entre les poignets.

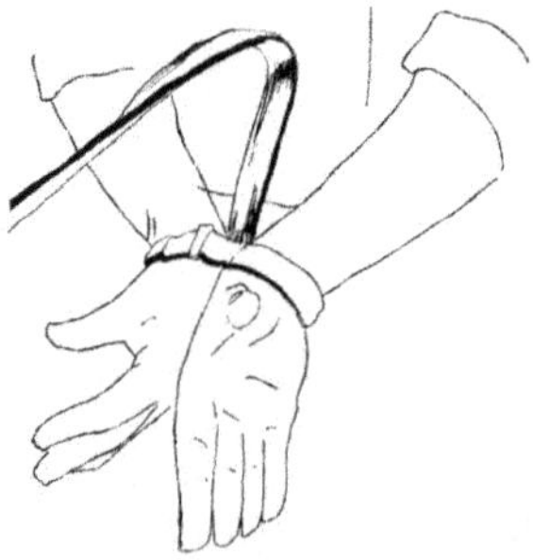

Utilisez du ruban adhésif et de la corde de la même manière. Reliez les poignets ensemble, puis attachez-la.

Attacher à une Chaise

Une chaise à dossier ouvert est préférable.

Faites asseoir le prisonnier sur la chaise. Faites-lui enfiler un bras à travers le dossier (si possible) et l'autre autour. S'il n'y a pas d'espace pour lui faire passer son bras, faites-le enrouler les deux autour du dossier. Attachez ses poignets ensemble, puis attachez le haut des bras à la chaise, un de chaque côté. Faites de même avec ses pieds, en ne laissant que ses orteils reposer sur le sol.

Bâillonnement

Pour garder votre prisonnier silencieux, fourrez un chiffon dans sa bouche. Collez au moins deux bandes de ruban adhésif sur sa bouche. Ne couvrez pas ses narines.

Prisonniers conscients

Si le garde n'est pas inconscient, mais que vous pointez une arme sur lui, gardez vos distances pour qu'il ne puisse pas vous attraper (ou votre arme) et donnez-lui des instructions claires. Restez calme et soyez prêt à utiliser votre arme. Donnez-lui les ordres suivants :

- « Les mains en l'air. »
- « Demi-tour. »
- « Allongez-vous sur le ventre. »
- « Ne me regardez pas. »
- « Les mains dans le dos. »
- « Croisez vos chevilles. »

Ou encore :

- « Les mains en l'air. »
- « Face au mur. »
- « À genoux. »
- « Le torse et le visage contre le mur. »
- « Ne me regardez pas. »
- « Les mains dans le dos. »
- « Croisez vos chevilles. »

Depuis cette position, assommez-le avec votre arme en le frappant le plus fort possible à la base de son crâne.

La seule façon de l'attacher pendant qu'il est conscient est d'avoir une deuxième personne. Dans ce cas, gardez votre arme pointée sur lui pendant que votre partenaire l'attache. Si vous êtes celui qui attache, contrôlez sa tête avec votre genou pendant que vous passez les liens.

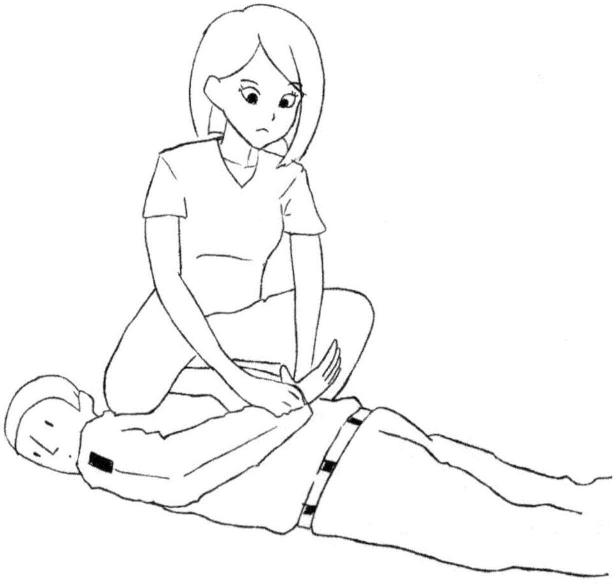

Appliquez une clé de bras si vous devez le déplacer.

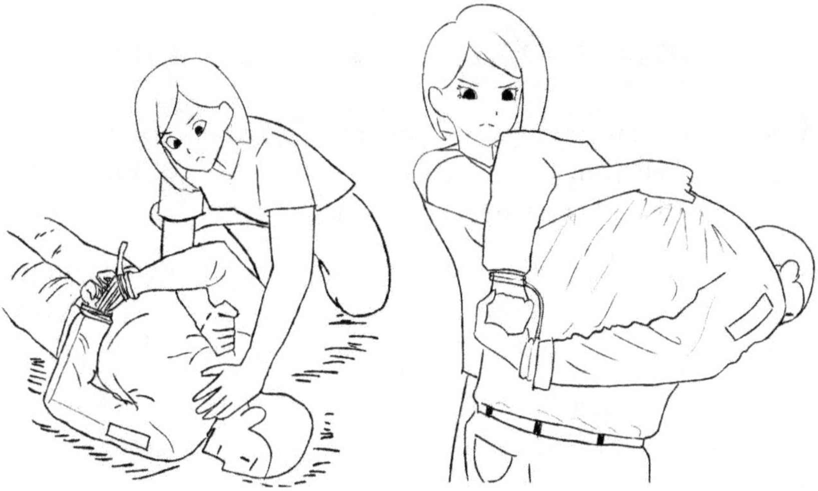

Attacher à un arbre/poteau

Cette méthode ne nécessite pas que vous ayez de quoi l'attacher, mais il doit être conscient.

Dites à votre prisonnier de grimper à l'arbre ou au poteau.

Demandez à votre partenaire de placer la jambe droite du prisonnier autour de l'avant de l'arbre de sorte que son pied se retrouve sur le côté gauche de celui-ci. Mettez sa jambe gauche sur sa cheville droite, puis remettez son pied gauche derrière l'arbre du même côté que son corps. Forcez-le à se baisser pour que le poids de son corps le bloque en place. Dans cette position, il aura des crampes dans les 15 minutes.

Pour le libérer, vous avez besoin de trois personnes : une pour le garder et les deux autres pour le libérer. Avec une personne de chaque côté, soulevez-le par les jambes et débloquez-les.

Chapitre Connexe :

- S'échapper des Hauteurs

CHERCHEZ LE CHEMIN LE PLUS FACILE

Avant de franchir un point de sortie unique, recherchez la sortie la plus facile. Cela peut être une fenêtre ouverte, un conduit d'aération ou un autre point non verrouillé à proximité.

Repérez également d'autres vulnérabilités. Par exemple, une barrière peut être cadenassée, mais le poteau peut ne pas être solide, ou il peut y avoir une boîte à clés plus facile d'accès que la porte.

Cherchez la clé dans les bureaux, sur le cadre de la porte, sous le paillasson ou cachée dans/sous des objets près de la porte (pots de fleurs, pierres, etc.).

Une autre chose à considérer est l'ingénierie sociale. Vous pouvez suivre des gens à travers les portes, emprunter des ascenseurs de service, etc. L'astuce ici est d'avoir la tête de l'emploi. Faites comme si vous étiez censé être là et vous risquez moins d'être repéré. Avoir un faux badge ou une fausse pièce d'identité aidera, car les gens sont conditionnés à voir une personne avec un badge comme un travailleur qui est censé être là.

Lorsqu'une évasion secrète n'est pas possible, attendez que votre ravisseur ouvre la porte et liquidez-le. Cachez-vous derrière la porte ou faites semblant d'être affaibli, et quand il s'approche, attaquez.

Chapitre Connexe :

- Ascenseurs

PORTES ET FENÊTRES

Les portes et les fenêtres sont des points de sortie évidents et seront probablement verrouillées et/ou gardées.

Entrer par une Porte

Avant d'ouvrir une porte, écoutez les bruits. Bougez la porte très lentement et ne restez jamais devant elle.

Si la porte est fermée, approchez-la du côté de la poignée. Appuyez votre dos contre le mur et ouvrez lentement la porte un tout petit peu. Assurez-vous que la lumière ou l'ombre ne vous trahissent pas et jetez un coup d'œil à travers l'entrebâillement. Si vous ne voyez aucun danger, continuez à l'ouvrir petit à petit jusqu'à ce que vous soyez sûr que vous pouvez entrer dans la pièce en toute sécurité. Fermez soigneusement la porte derrière vous.

Si une porte est déjà entrouverte, approchez-la du côté des gonds et jetez un coup d'œil à travers l'entrebâillement.

Portes/fenêtres Coulissantes

Les portes et fenêtres coulissantes ont souvent des serrures à loquet simples qui sont faciles à crocheter.

Une méthode consiste à pousser contre la porte ou la fenêtre. Appliquez une pression tout en la soulevant et la laissant retomber plusieurs fois. Cela peut entraîner la défaillance du verrou afin que vous puissiez la faire coulisser pour l'ouvrir.

Si vous avez un fil fin, glissez-le entre le cadre et le loquet pour décrocher le loquet.

Une méthode plus efficace consiste à glisser un levier, tel qu'un tournevis ou un pied-de-biche, entre le cadre et la serrure et de l'ouvrir.

Vous pouvez faire sortir des portes en verre ou des fenêtres coulissantes de leurs rails en faisant levier vers le haut et l'extérieur. Une fois qu'elles sont sorties, attrapez-les avant qu'elles ne tombent.

Retirez tous les taquets (goujon dans le cadre) en créant un espace avec votre outil de levier et en utilisant un long fil, tel qu'un cintre, pour les sortir.

Une solution rapide mais bruyante consiste à casser la vitre. Couvrez le point d'impact avec une serviette pliée ou quelque chose de similaire pour étouffer le son. N'utilisez pas votre corps pour le casser.

Passer à Travers les Portes

Une porte n'est pas plus solide que son point le plus faible. Plusieurs coups de pied bien placés au niveau de la serrure suffisent souvent à l'ouvrir.

Si vous avez une pince multiprise, utilisez-la pour tordre la serrure jusqu'à ce que les boulons de retenue se cassent. Utilisez un couteau ou quelque chose de similaire pour tourner le verrou.

Vous pouvez ouvrir une porte avec un pied-de-biche en l'insérant entre la serrure et la porte et en la manœuvrant d'avant en arrière.

Lorsque les axes de gonds sont de votre côté de la porte, frappez-les avec un marteau et un clou.

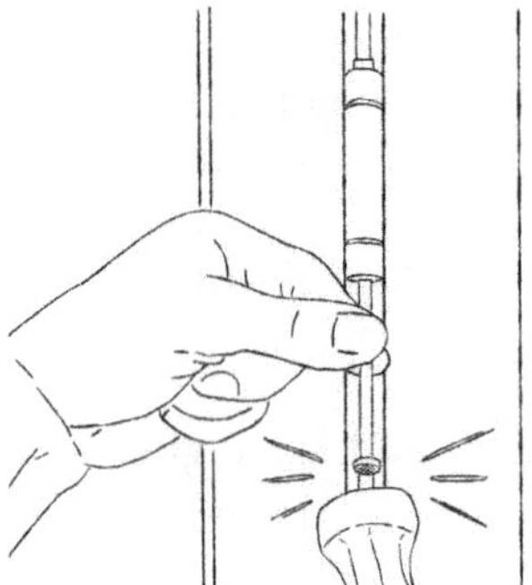

De nombreuses portes intérieures ont un petit trou ou un trou de serrure sur la poignée de porte comme déverrouillage d'urgence. Insérez une sonde, telle qu'un trombone, et poussez-la ou tournez-la pour libérer le verrou.

Outil D'infraction avec un Cintre

Vous pouvez plier un cintre en fil de fer de manière spécifique, puis le faire passer à travers des interstices pour crocheter les serrures. Par exemple :

- Pousser la barre de sûreté d'une issue de secours vers le bas.
- Soulever le goujon en bois dans une fenêtre/porte coulissante
- Pousser les serrures à levier-poussoir simples, comme celles des portières de voiture, vers le bas.
- Abaisser les poignées à l'intérieur des portes à verrouillage automatique, comme celles des hôtels.

Voici un exemple d'un crocheteur de barre de sûreté bricolé.

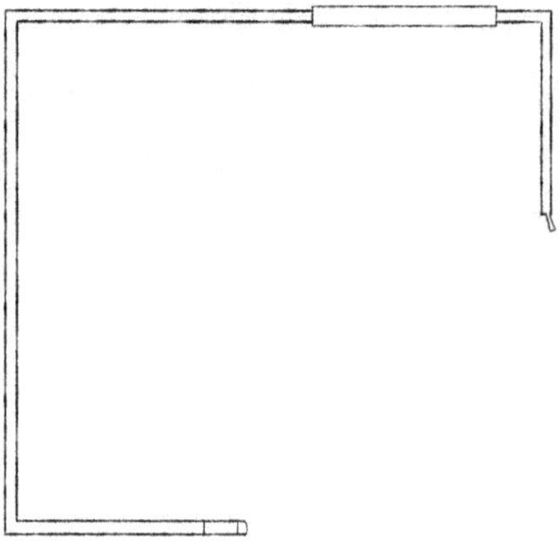

CADENAS

La plupart des cadenas peuvent être ouverts de force à l'aide d'un marteau, d'une grosse pierre ou d'une brique et en les écrasant à l'endroit où la manille s'insère dans le corps du côté du loquet de verrouillage. Si vous ne voyez pas le loquet de verrouillage, faites-le des deux côtés.

Vous pouvez également caler les cadenas, en particulier ceux de mauvaise qualité.

Pour réaliser une cale de cadenas improvisée à partir d'une canette en aluminium, découpez deux rectangles avec une excroissance en demi-cercle. La taille exacte dont vous avez besoin dépend de la taille du cadenas. Avec de la pratique, vous saurez deviner en observant la serrure.

Pliez la base vers le haut pour augmenter la force.

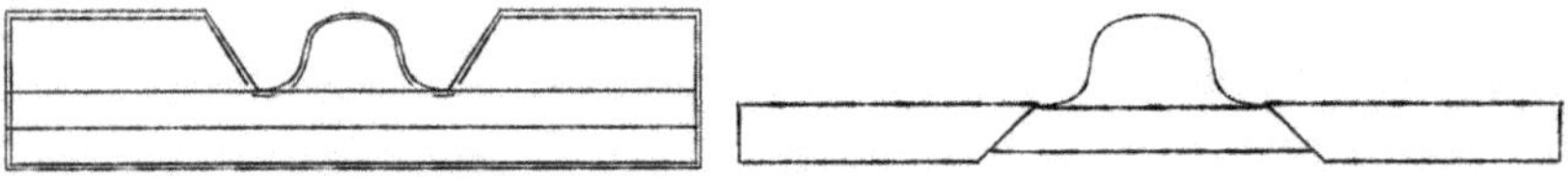

Calez le demi-cercle entre la barre (la manille) et la base du cadenas.

Une fois les deux cales en place, faites-les pivoter de manière que les poignées soient tournées vers l'extérieur.

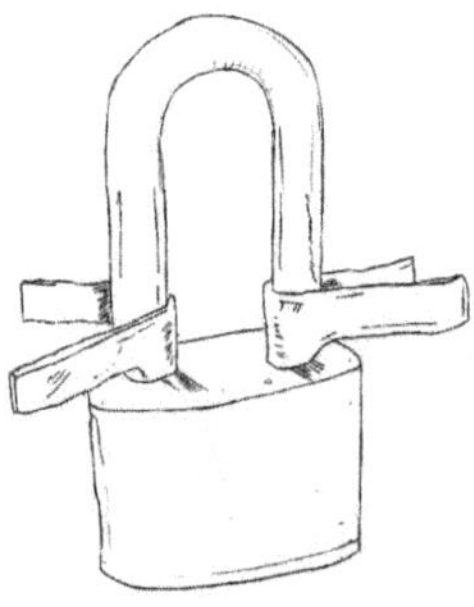

Tirez sur la manille pour ouvrir le cadenas.

Cela fonctionne également pour les serrures à combinaison de type cadran.

Certains cadenas sont « anti-cales », mais aucun cadenas n'est inviolable. S'il y a un verrou spécifique que vous souhaitez crocheter, recherchez-le sur YouTube, vous pourriez trouver un didacticiel.

Malheureusement, dans un scénario de capture, vous n'aurez pas accès à Internet ni aux outils nécessaires.

Forçage des Serrures à Combinaison

Cette méthode concerne les serrures à combinaison sans fausses portes, qui sont généralement des serrures moins chères.

1. Appliquer une pression constante sur la manille loin du corps de la serrure.
2. Testez chaque numéro pour voir lequel donne le plus de résistance.
3. Une fois que vous avez identifié celui qui a le plus de résistance, tournez-le jusqu'à ce que vous entendiez un déclic, et sentez le corps s'abaisser un peu. S'il clique mais ne bouge pas, ce n'est pas bon.
4. Répétez les étapes 2 et 3 pour chaque numéro.
5. Pour le dernier numéro, relâchez la pression sur la manille et procédez par tâtonnements. Passez à chaque numéro un par un jusqu'à ce qu'elle s'ouvre.

Vous pouvez adapter cette même technique pour les antivols de vélo à combinaison de type chaîne.

Geler un Cadenas en U

Les antivols de vélo en U sont notoirement résistants et, contrairement à la plupart des cadenas, taper dessus avec un marteau ne les ouvrira probablement pas.

Pour affaiblir la structure de la serrure (ou de tout métal), utilisez un compresseur d'air pour clavier pour la geler. Tenez le bidon à l'envers et vaporisez là où la barre rencontre le verrou jusqu'à ce qu'il soit gelé. Vous aurez peut-être besoin de plusieurs bidons pour cela.

Frappez-le avec le marteau jusqu'à ce qu'il se brise.

SERRURES COULISSANTES

Lorsqu'une serrure supérieure (également appelée verrou Yale ou loquet de nuit, entre autres) n'a pas été bloquée par le verrou en dessous et s'ouvre vers l'intérieur (comme la plupart des portes extérieures), vous pourrez peut-être la faire coulisser.

Voici à quoi ressemble ce type de serrure. Elle est caractérisée par son pêne rond à l'avant (encerclé).

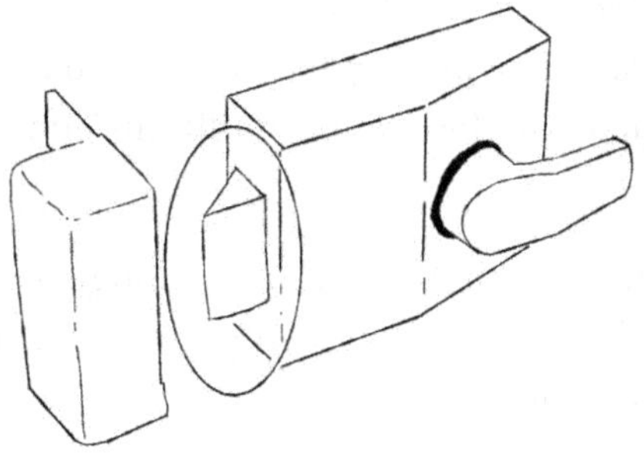

Dans les vieux films, vous voyez souvent des gens faire coulisser des serrures avec leur carte de crédit. Ne fais pas ça. Votre carte de crédit risque fort d'être abîmée. Utilisez plutôt une fine feuille de plastique un peu plus grande que la main d'un adulte moyen. Les bouteilles de soda ou de lait en plastique coupées en rectangle fonctionnent bien.

Insérez le plastique entre le cadre et la porte, juste au-dessus ou en dessous de la serrure. Déplacez le plastique vers la serrure jusqu'à ce qu'il touche le pêne. Continuez à appuyer le plastique contre le pêne tout en tirant doucement la porte vers vous.

Lorsque le pêne est enfoncé par le plastique, vous pouvez entendre un bruit sec ou un déclic.

Vous pouvez également faire coulisser une serrure avec un gros trombone et un lacet. Dépliez le trombone et enroulez le lacet autour de manière qu'environ les 4/5e du lacet soient enroulés autour du trombone. Courbez le trombone en forme de U grossier.

Faites passer le trombone derrière le pêne et ressortez-le, de sorte que le lacet soit enroulé autour du pêne mais que vous teniez les deux extrémités. Tirez le lacet et la porte en même temps pour faire coulisser la serrure. Les portes doubles (par exemple, les portes-fenêtres) sont particulièrement faciles à faire coulisser.

S'il n'y a pas de place pour faire coulisser la serrure, vous pouvez utiliser un tournevis ou quelque chose de similaire pour créer un interstice entre la serrure et la porte.

Vous pouvez également « faire coulisser une serrure » au fil du temps, bien que techniquement, ce n'est pas la serrure qui coulisse. Fourrez des morceaux de peinture (ou autre) dans la gâche à chaque passage. Finalement, ils bloqueront suffisamment le pêne pour le maintenir déverrouillé.

Les serrures supérieures modernes sont « antiglisse », mais elles sont souvent mal installées. Dans votre propre maison, utilisez plutôt un verrou à pêne dormant.

CROCHETER DES SERRURES

Cela fonctionne pour la plupart des serrures à goupilles et plaquettes, comme le sont la grande majorité des serrures à clé.

Il est bon de savoir comment fonctionne une serrure à goupilles. Voici une description basique :

Une serrure à goupille se compose de deux rangées de goupilles maintenues par des ressorts. Il y a aussi une ligne de cisaillement.

Lorsque la bonne clé est insérée dans la serrure, elle pousse les goupilles supérieures vers le haut pour dégager la ligne de cisaillement. Une goupille inférieure se détachera de la goupille supérieure, « calant » la goupille. Une fois que toutes les goupilles sont calées, vous pouvez tourner le verrou.

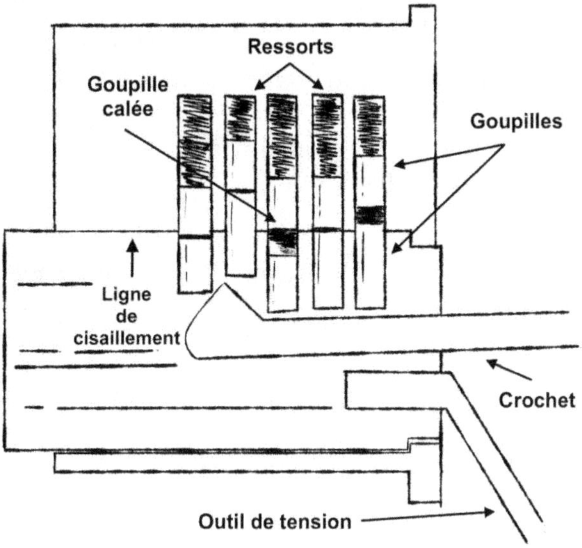

Pour crocheter une serrure, vous devez appliquer une légère tension sur la rotation (avec un outil de tension), puis déplacer chacune des goupilles à sa place correcte. La tension maintient les broches en place lorsque vous les déplacez.

Les serrures à plaquettes (équipant les portes d'armoires, les classeurs, les vieux cadenas et d'autres endroits) fonctionnent différemment, mais vous les crochetez de la même manière. Elles sont généralement plus faciles à ouvrir que les serrures à goupilles.

Créer des Outils de Crochetage avec des Trombones

Lorsque vous commencez à apprendre, vous souhaiterez peut-être acheter des crochets appropriés, mais si vous êtes capturé, vous ne les aurez sûrement pas sur vous. Il est illégal d'avoir des crochets sur soi dans de nombreux pays, et même si vous en avez, vos ravisseurs vous les enlèveront certainement.

Les trombones sont plus faciles à cacher et un contrôle de sécurité standard ne les confisquera pas.

Les pinces à cheveux fonctionnent bien comme outils de tension, mais sont un peu épaisses pour le crochetage. Cependant, il est possible de les utiliser, donc si une pince à cheveux est tout ce que vous avez, vous pouvez quand même essayer.

Faites les formes suivantes avec vos trombones. Une paire de pinces facilitera la fabrication, mais vous pouvez faire sans dans une situation d'évasion.

Évitez de plier les trombones d'avant en arrière au même endroit, car ils se cassent.

Râteau

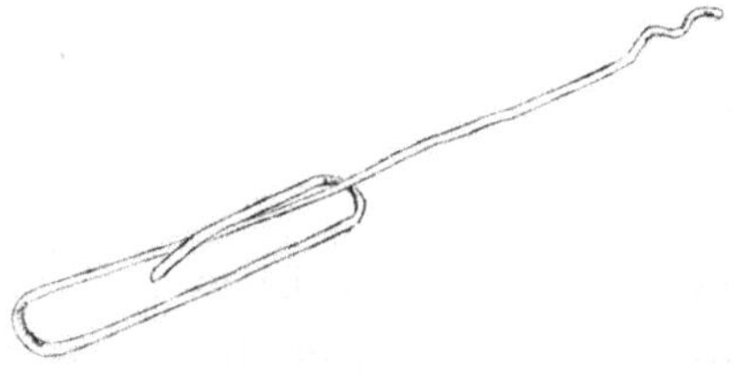

Outil de Tension

Aplatissez les extrémités en les ponçant sur le sol ou le mur. Cela permettra plus de marge de manœuvre et garantira que les deux outils peuvent entrer simultanément dans la serrure.

Ratisser la Serrure

Le ratissage est le moyen le plus rapide de crocheter une serrure, si cela marche.

Insérez l'outil de tension dans le trou de la serrure au point le plus éloigné des goupilles (généralement en bas) et appliquez une légère pression de rotation dans le même sens que tourne la serrure.

Avec de la pratique, vous pourrez sentir dans quel sens la serrure s'ouvre en la tournant avec l'outil de tension. Vous ressentirez un peu moins de pression lorsque vous la tournerez dans le bon sens.

La plupart des gens trouvent plus facile de manier l'outil de tension avec leur main non dominante.

La plus grosse erreur que font les débutants lorsqu'ils apprennent à crocheter des serrures est de mettre trop de pression de rotation sur l'outil de tension. Vous n'avez besoin que d'une faible tension. Il est également important de maintenir une pression constante sur l'outil de tension pendant que vous crochetez la serrure. N'augmentez pas la pression jusqu'à ce que toutes les goupilles soient en place et que vous ouvriez la serrure.

Une fois que l'outil de tension est en place, insérez le râteau dans la serrure.

Soulevez-le et retirez-le dans un mouvement fluide. Bougez votre râteau dans et hors de la serrure jusqu'à ce que les goupilles « rebondissent » en position et que la serrure s'ouvre. Le râteau est toujours dans la serrure. Ne le retirez pas complètement.

Certaines personnes le font avec un mouvement d'entrée-sortie rapide, d'autres préfèrent le faire plus lentement. Cela dépendra de vous et de la serrure. Dans tous les cas, soulevez-le toujours en le sortant et faites-le assez rapidement pour que le mouvement soit fluide.

Si la serrure ne s'ouvre pas après plusieurs tentatives, c'est probablement à cause d'une tension trop ou pas assez forte sur votre outil de tenson.

Si vous voulez voir des vidéos, recherchez « ratisser une serrure avec des trombones » sur YouTube.

Crocheter la Serrure

Si le ratissage ne fonctionne pas, vous pouvez essayer de crocheter la serrure. Pour crocheter une serrure, vous devez soulever chaque goupille en place à l'aide d'un crochet au lieu du râteau. Attendez-vous à au moins cinq goupilles.

Voici la forme que vous devez donner au trombone. L'outil de tension est le même que précédemment.

Placez l'outil de tension dans la serrure, de la même manière que pour le ratissage.

Insérez votre crochet avec la bosse face aux goupilles, ce qui est généralement éloigné de l'outil de tension.

Commencez par l'avant ou l'arrière de la serrure et utilisez la bosse de votre crochet pour soulever chaque goupille à tour de rôle jusqu'à ce que vous identifiiez la plus rigide. Soulevez cette goupille jusqu'à ce que vous la sentiez se mettre en place. Il peut y avoir un léger relâchement ou déclic. C'est difficile à expliquer, mais avec de la pratique, vous y arriverez.

Répétez cette opération pour la prochaine goupille la plus rigide, puis la suivante, et ainsi de suite pour chacune d'elles.

Une fois toutes les goupilles en place, vous sentirez l'outil de tension céder un peu et vous entendrez peut-être un déclic. Appliquez plus de pression sur l'outil de tension pour ouvrir la serrure.

Si vous poussez une goupille trop loin et qu'elle se coince, c'est que vous l'avez décalée. Essayez de relâcher un peu la tension ou de secouer le crochet. Si cela ne fonctionne pas, vous devez recommencer.

Si les goupilles continuent de tomber, vous avez besoin d'un peu plus de pression sur l'outil de tension.

Ratissage et Crochetage Combinés

Vous pouvez effectuer le ratissage et le crochetage ensemble. Ratissez la serrure pour caler les goupilles dont elle dispose, puis utilisez le crochet pour faire le reste. Souvent, la goupille du fond nécessitera une attention supplémentaire.

Goupilles Factices

Des serrures plus sécurisées peuvent avoir des goupilles factices pour vous empêcher de les crocheter. Le plus courant est une goupille à bobine.

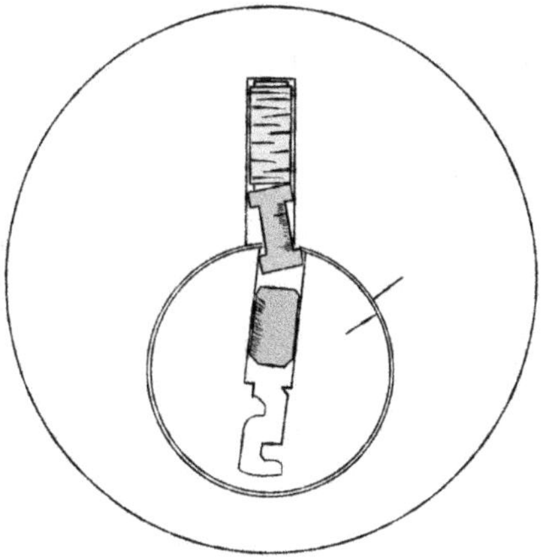

Cette conception peut vous faire croire que vous avez décalé une goupille.

Vous pouvez identifier une goupille à bobine car elle a plus de jeu rotatif que les goupilles ordinaires.

Si vous pensez que vous êtes bloqué par une goupille à bobine, vous pouvez le vérifier en exerçant un peu plus de force vers le haut avec votre crochet. Faire cela sur une goupille à bobine créera une pression vers l'arrière sur votre outil de tension lorsque l'arête inférieure de la goupille poussera en retour.

Une fois que vous avez identifié une goupille à bobine, contournez-la en relâchant un peu de pression sur votre outil de tension et en poussant doucement sur la goupille.

Si vous ressentez une pression en retour sur la rotation pendant que vous faites cela, cela signifie que vous le faites correctement. Continuez à pousser jusqu'à ce qu'elle se cale normalement.

Lorsque vous calez la goupille à bobine, d'autres goupilles peuvent tomber en raison du relâchement de la pression sur votre outil de tension. Recalez-les simplement, maintenant que la goupille à bobine est en place.

Pratiquez

La théorie du crochetage des serrures est simple, mais il faut beaucoup de pratique pour y parvenir.

Ne vous entraînez pas toujours sur les mêmes serrures. Non seulement ce n'est pas réaliste, mais cela endommagera votre serrure.

Créer un Double de Clés

Si vous accédez brièvement à la clé dont vous avez besoin, vous pouvez créer un double.

Cela ne vous aidera probablement pas une fois que vous serez capturé, mais vous ne savez jamais quand cela pourrait être utile.

Vous devez d'abord réaliser une impression de la clé. Vous pouvez le faire en :

- La prenant en photo.
- La pressant contre votre peau puis en traçant l'indentation.
- L'enfonçant dans quelque chose de mou qui conservera l'empreinte, comme de la pâte à modeler, de la cire, un pain de savon ou de la mousse de polystyrène.
- Faisant un calque en posant la clé sous une feuille de papier et en gribouillant dessus. Il s'agit d'une méthode de dernier recours, car elle n'est pas très fiable.

Une fois que vous avez l'impression, photocopiez-la au rapport 1 :1. La photocopie doit être exactement de la même taille que la clé, alors tenez-en compte si vous prenez une photo.

Découpez le contour de la clé sur la copie papier, puis tracez-le sur une canette en aluminium ouverte et aplatie. Découpez la forme dans l'aluminium. Pour plus de précision, coupez d'abord une forme large puis découpez les rainures détaillées. Utilisez cette clé pour pousser les goupilles en place et un outil de tension pour tourner le verrou.

Chapitre Connexe :

- Cadenas

SERRURES À CAPTEUR

Les serrures avec capteurs sont courantes, et les contourner est plus difficile que de contourner les serrures à clé normales, mais pas impossible si vous avez les bons outils.

Portes à Détecteur de Mouvement

Ce sont des portes qui utilisent un déclencheur à capteur de mouvement pour se déverrouiller, comme celles qui s'ouvrent de l'intérieur mais pas de l'extérieur, ou celles pour lesquelles vous avez besoin d'une carte d'identité pour entrer, mais pas pour sortir.

Beaucoup de ces portes à détecteur de mouvement à verrouillage automatique utilisent des capteurs infrarouges passifs. Ceux-ci peuvent être trompés avec des bidons d'air comprimé, tels que des nettoyants pour clavier. Tenez le bidon à l'envers et vaporisez-le sur le capteur, et la porte s'ouvrira. D'autres choses telles que la fumée de vapoteuse ou une pulvérisation d'eau peuvent également fonctionner. Certaines portes nécessitent un écart de température pour se déclencher, c'est pourquoi l'air comprimé est plus fiable.

Si la porte est électromagnétique, cela ne fonctionnera pas.

Clonage de Badge RFID

Vous pouvez cloner la plupart des badges RFID ou FOB avec un cloneur RFID. Achetez-en un en ligne (par exemple Proxmark). Dissimulez-le dans une tasse à café, un sachet à sandwich, etc. pour vous rapprocher de votre marque sans éveiller les soupçons.

Serrures Magnétiques

Placez un morceau de ruban adhésif noir ou un trombone sur l'endroit où les aimants se connectent. Cela empêchera le joint magnétique de se former lors de sa fermeture.

Capteurs de Mouvement

Les capteurs de mouvement ne sont pas techniquement des verrous, mais ils peuvent être présents lorsque vous essayez de vous échapper.

Une option consiste à déclencher volontairement un capteur plusieurs fois, afin que son propriétaire l'éteigne.

Tromper les détecteurs de mouvement modernes est difficile. Vous devez d'abord les étudier. Déterminez la zone surveillée par un capteur et cherchez une voie de contournement. Déplacez-vous lentement et accroupi le long des murs sur lesquels les capteurs sont placés. Faites attention à tout autre capteur faisant face au mur. Utilisez des meubles comme couverture pour bloquer votre mouvement. Le capteur peut être calibré pour les animaux de compagnie, donc rester accroupi est une bonne idée.

S'ÉCHAPPER DES HAUTEURS

Lorsque vous devez vous échapper d'un immeuble depuis un étage élevé, la meilleure chose à faire est de prendre les escaliers de secours. Restez près du mur et loin de la rampe, surtout si tout le bâtiment est en train d'être évacué.

Descente en Rappel

Si vous êtes coincé dans une pièce, vous pouvez descendre en rappel.

Un drap de lit double constituera un harnais assez grand pour la plupart des adultes. D'autres tissus feront également l'affaire, tant qu'ils sont assez solides.

Pliez le drap de lit en deux pour former un triangle, puis roulez-le de la base à la pointe.

Attachez les extrémités ensemble avec un nœud plat :

- Droite sur gauche et dessous, gauche sur droite et dessous.
- Tirez les deux extrémités droites loin des deux extrémités gauches pour le serrer.
- Assurez-vous qu'il y a au moins 15 cm de queue des deux côtés.

Posez le triangle sur le sol et placez-vous dessus de manière que l'un des angles (pas le nœud) soit entre vos jambes. C'est le « point 1 ». Vous faites face au reste du triangle.

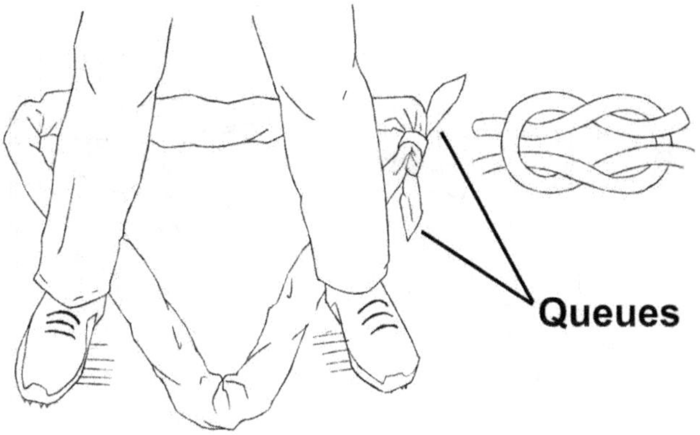

Tirez le harnais vers le haut de sorte que le point 1 soit devant vous, entre vos jambes, et que les deux autres points le rejoignent.

Ensuite, vous avez besoin d'une « corde ». Un drap de lit double suffit pour un étage. Faites en sorte que la longueur totale soit un peu plus courte que votre hauteur. De cette façon, si vous tombez, vous serez suspendu au-dessus du sol.

Attachez une extrémité à quelque chose ayant au moins une de ces caractéristiques :

- Fixation permanente.
- Plus large que la fenêtre et ne cassera pas sous votre poids.
- Très lourd.

Attachez les draps ensemble à l'aide de nœuds plats (comme décrit ci-dessus), puis passez l'extrémité libre dans les trois boucles de votre harnais.

Mettez un peu de rembourrage, comme des oreillers et des serviettes, entre la corde et partout où il y aura des frictions, comme le rebord de la fenêtre.

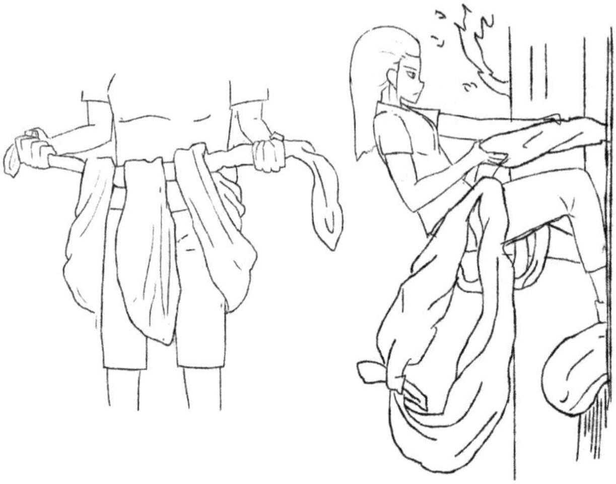

Marchez à reculons le long du mur à l'aide d'une prise main sur main sur la corde. Vous pouvez le faire sans harnais, mais ce ne sera pas aussi sûr. Si vous échappez au feu, mouillez les draps avant de les attacher et assurez-vous que le point d'ancrage n'est pas hautement inflammable.

Prusiks

Une autre façon de grimper vers la sécurité est d'utiliser des prusiks. Les Prusiks sont de petites boucles de corde que vous attachez à une corde et avec lesquelles vous montez ou descendez. Vous pouvez les employer seuls ou comme sécurité supplémentaire lors de la descente en rappel.

Ils fonctionnent parce que vous pouvez déplacer les prusiks vers le haut, mais ils ne glisseront pas lorsque vous ajouterez une pression vers le bas.

Créez quatre boucles fermées. Deux pour les pieds et deux pour les mains. Si vous ne connaissez pas d'autres nœuds, formez des nœuds plats comme décrit précédemment. Vous pouvez utiliser d'autres nœuds qui sont plus fiables, comme le double nœud de pêcheur ou le nœud en forme de 8.

Utilisez un nœud Prusik pour attacher les boucles à la corde :

- Mettez la boucle sur votre ligne principale, avec le nœud de jonction vers la droite.
- Depuis le côté noué, enroulez votre boucle Prusik autour de la ligne principale. Faites-le au moins deux fois. Plus vous faites de tours, plus vous aurez de friction.
- Resserrez les boucles. Pendant que vous le faites, assurez-vous que tous les tours sont bien posés les unes à côté des autres. Ne les laissez pas se chevaucher ou se croiser.
- Au fur et à mesure que vous le serrez, faites de votre mieux pour positionner le nœud près de la ligne principale.

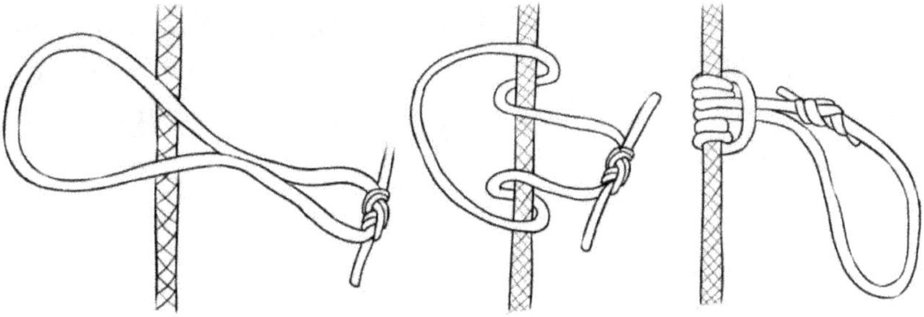

Une fois les Prusiks sur la corde, insérez vos pieds dans les deux boucles du bas et empoignez celles du haut. Faites glisser vos mains avec les boucles Prusik supérieures aussi haut que possible, puis tirez-vous vers le haut. Utilisez vos jambes pour faire glisser les boucles Prusik inférieures aussi haut que possible. Levez-vous tout en faisant glisser les boucles Prusik supérieures vers le haut. Répétez ce processus autant que nécessaire.

Bien que ce soit moins sûr, vous pouvez le faire avec deux Prusiks (comme des lacets de chaussures), si c'est tout ce que vous avez. Utilisez-en une comme poignée et l'autre comme prise pour le pied.

Les informations ci-dessus ont été adaptées du livre *Emergency Roping and Bouldering.*

www.SFNonFictionbooks.com/Foreign-Language-Books

Sauter Dans une Benne à Ordures

Sauter d'une fenêtre dans une benne à ordures est un dernier recours, car beaucoup de choses peuvent mal tourner. Pour ce faire sans vous blesser gravement, vous avez besoin de :

- Quelque chose de relativement mou (comme du carton) pour atterrir dans la benne.
- Atteindre la cible avec précision.
- Atterrir à plat sur le dos. Atterrir sur le ventre peut provoquer une fracture du dos, car votre corps va former un V lors de l'impact.

Lorsque vous sautez, visez le centre de la benne. Assurez-vous de sauter loin de tout obstacle, sans dépasser la benne à ordures. Lorsque vous tombez, rentrez la tête et remontez vos jambes pour atterrir sur le dos.

MOUVEMENTS FURTIFS

Les mouvements furtifs consistent à passer inaperçu. Pour ce faire, vous devez échapper à tous les sens de vos ravisseurs/poursuivants et à toute aide (par exemple, des chiens) dont ils disposent.

OBSERVATION

Une observation constante mobilisant tous vos sens est requise lorsque vous vous déplacez. Même lorsque vous vous arrêtez, vous devez continuer à observer. Observez votre ennemi et/ou les obstacles sur votre chemin, afin que vous puissiez choisir comment et quand vous déplacer.

Recherche sur le Terrain

Utilisez cette méthode pour guetter des signes de votre ennemi, ou tout autre élément que vous souhaitez rechercher, depuis une position stationnaire. Cela vous aidera si vous avez quelque chose de spécifique à rechercher (certains équipements, humains, chiens, véhicules, etc.).

Divisez le terrain en trois plages : proche, moyenne et distante. Balayez chaque section de droite à gauche. Commencez par la zone proche et remontez systématiquement.

De droite à gauche vaut mieux que de gauche à droite parce que nous lisons de gauche à droite et sommes plus susceptibles de négliger des choses si nous suivons cette habitude. Le balayage horizontal est meilleur que le vertical, car de cette façon, vous n'avez pas besoin d'ajuster en permanence la distance et l'échelle.

Si vous tombez sur des zones qui sont plus aptes à cacher quelque chose, prenez un peu plus de temps pour rechercher et repérer des parties d'objets ainsi que des objets entiers. Ils peuvent être cachés derrière quelque chose, mais avec des parties encore visibles.

Fouillez à travers des écrans visuels, comme la végétation. Si vous voulez regarder plus loin, faites un petit mouvement de tête.

Conseils Pour Voir Dans le Noir

Il faut 30 minutes à vos yeux pour s'adapter complètement à l'obscurité (vision nocturne) et il vous faudra au moins un peu de lumière ambiante provenant d'une source comme la lune.

Une fois que vos yeux se sont adaptés à l'obscurité, vous devez les protéger. Un flash de lumière peut anéantir votre vision nocturne en une seconde. Lorsqu'il y a une zone lumineuse que vous souhaitez observer, couvrez un œil pour le préserver pendant que vous scrutez avec l'autre.

Même avec votre vision nocturne, les objets sont plus difficiles à distinguer dans l'obscurité. Regarder à côté d'eux les rendra plus clairs. Changer votre point focal toutes les quelques secondes (haut, bas, sur les côtés) vous aidera également.

Les choses peuvent sembler bouger. Assurez-vous qu'ils restent immobiles avec la méthode du doigt fixe. Tendez un doigt devant vous et « fixez » un objet dessus.

Lorsque vous avez besoin de plus de lumière pour voir (si vous lisez une carte, par exemple), utilisez un éclairage rouge ou bleu. Il nuit à peine à votre vision nocturne et est plus difficile à repérer pour votre ennemi. Ne vous fiez pas uniquement à votre vision. Le son, l'odorat et le toucher peuvent vous révéler beaucoup de choses.

L'ouïe est le deuxième meilleur sens d'un humain, et vous pouvez souvent entendre des choses qui sont hors de vue. Restez immobile, ouvrez un peu la bouche et tournez votre oreille dans la direction où vous souhaitez écouter.

Le vent peut transporter les odeurs assez loin, et certaines odeurs, comme la cuisson des aliments ou la fumée, sont très caractéristiques pour les humains. Tournez le nez dans le vent et flairez comme un chien, avec de nombreux petits reniflements. Concentrez-vous sur vos narines et essayez de déterminer de quelle odeur il s'agit.

Lorsque vous ne voyez rien du tout, il est plus sûr de rester immobile jusqu'à ce qu'il y ait de la lumière, mais certaines circonstances peuvent vous obliger à bouger. Dans ce cas, vous devez vous frayer un chemin. Déplacez-vous lentement, en testant chaque mouvement.

Levez les pieds bien haut pour vous donner les meilleures chances de franchir les obstacles, mais faites attention de ne pas perdre l'équilibre. Tendez vos mains devant vous pour détecter les obstacles. Toucher les objets avec le dos de votre main, au cas où ils seraient tranchants ou chauds. Cela protégera l'intérieur de votre main et les artères de votre bras.

COUVERTURE ET DISSIMULATION

La couverture et la dissimulation sont différentes. Les deux sont utiles pour la furtivité.

La dissimulation est quelque chose entre vous et votre ennemi qui vous cache à sa vue. La végétation est un bon exemple de dissimulation. Plus il y en a entre vous et votre ennemi, plus il lui sera difficile de vous repérer.

La couverture vous cachera aussi, mais de plus arrêtera les balles. De nombreux objets solides ne sont pas valables comme couverture. Les balles traverseront directement les clôtures en bois, les portes de voiture, les fenêtres, etc.

Le béton massif, le métal épais, les dépressions dans la terre et les gros arbres ont de bien meilleures chances de vous couvrir. Plus l'arme (ou le tir) est puissante, plus la couverture doit être épaisse.

Si votre ennemi essaie de vous tirer dessus, cherchez une couverture. S'il veut juste vous trouver, la dissimulation suffit.

Lorsque vous parcourez, déplacez-vous de couverture (ou de dissimulation) en couverture, en vous arrêtant à chacune pour scruter. Assurez-vous de connaître votre prochaine couverture ou dissimulation avant de quitter celle que vous occupez.

CAMOUFLAGE

Bien comprendre les principes du camouflage vous aidera dans tous les domaines du mouvement furtif. La plupart de ces éléments sont imbriqués. Utilisez-les ensemble pour obtenir les meilleurs résultats.

Forme

La forme humaine (ou autre) est caractéristique, mais il existe des moyens de la déformer. Par exemple, vous pouvez attacher sur vous de la végétation locale ou ajuster votre posture.

Taille

Plus un objet est gros, plus il est facile à repérer et difficile à cacher. Vous pouvez vous rapetisser en vous accroupissant et/ou en vous tenant sur le côté pour un profil plus mince.

Silhouette

Lorsqu'un objet contraste avec un arrière-plan uni, la forme de son contour constitue sa silhouette. Elle est plus évidente s'il s'agit d'un objet sombre sur un fond clair, ou vice versa. Le ciel et la mer sont des exemples d'arrière-plans unis dans la nature.

Même une légère différence de ton suffit à un observateur averti pour repérer une silhouette. Par exemple, porter des vêtements noirs crée plus de contraste la nuit que des vêtements bleu foncé.

Pour minimiser votre silhouette, restez baissé et/ou minimisez votre profil physique.

Couleur et Texture

Chaque environnement a certaines couleurs et textures, et si vous ne les imitez pas, vous vous démarquerez.

Les couleurs contrastées, comme des cheveux clairs dans la forêt ou les vêtements noirs dans la neige, ressortent davantage.

Les textures peuvent être rocheuses, feuillues, lisses, etc.

Modifiez votre couleur et votre texture ainsi que celles de votre équipement avec des éléments comme de la boue, de la végétation, du charbon de bois ou du tissu. Tenez compte de la profondeur des traits. Appliquez des couleurs plus claires sur les zones ombrées (autour des yeux et sous le menton) et des couleurs plus foncées sur les traits qui ressortent davantage (front, nez, pommettes, menton et oreilles).

Lorsque vous utilisez de la végétation pour vous y fondre, assurez-vous que sa couleur et sa texture correspondent toujours au terrain lorsque vous vous déplacez, car la végétation changera et les feuilles se faneront.

Si vous devez vous cacher rapidement, allongez-vous à plat et couvrez-vous de feuillage.

Brillance et Reflet

La brillance est tout ce qui reflète la lumière, y compris une peau grasse. Un ennemi peut repérer l'éclat à de grandes distances si l'angle de la lumière est correct.

Couvrez le verre, le métal et tout ce qui brille (fermetures éclair, boucles, bijoux, cadrans de montre, etc.), aussi petit soit-il. Si vous devez porter des lunettes, tapissez l'extérieur des verres d'une fine couche de poussière pour réduire le reflet de la lumière.

Le reflet n'est pas très grave à distance, mais peut vous trahir si vous êtes négligent. Évitez les miroirs, le verre et tout ce qui produit un reflet. Restez en dehors du champ de réflexion – en vous accroupissant sous les miroirs, par exemple.

Ombre et Lumière

Évitez autant que possible d'aller vers ou d'utiliser une lampe pour voir, surtout la nuit.

Se déplacer sous ou près d'une lumière vous rend plus visible et projette votre ombre. Cela peut vous trahir même si vous êtes caché. Faites toujours attention à l'endroit où s'étend votre ombre et gardez à l'esprit que la direction de l'ombre changera avec le mouvement du soleil ou d'autres changements de lumière.

Éteignez les lumières (disjonctez les fusibles ou brisez les ampoules) si cela ne révèle pas votre position.

Les bords extérieurs des ombres sont plus clairs et les parties plus profondes sont plus sombres. Restez si possible dans les parties les plus sombres de l'ombre.

Votre silhouette peut toujours être vue sur des ombres plus claires, alors restez accroupi et immobile jusqu'à ce que vous ayez besoin de bouger.

Si vous devez utiliser une lampe de poche, couvrez-en la tête avec votre main. Si possible, mettez-y un filtre coloré.

Bruit

Lorsque vous êtes proche de votre ennemi, vous devez faire attention aux bruits que vous produisez. Plus vous vous déplacez lentement, plus vous êtes silencieux.

Assurez-vous qu'il n'y a rien sur vous qui puisse cliqueter, tinter, vibrer, sonner ou carillonner. Si possible, sautez de haut en bas et écoutez tout bruit que vous faites, et sécurisez tout ce qui est nécessaire.

Si vous avez le choix, privilégiez les surfaces plus silencieuses, telles que la terre nue, le béton plat, les feuilles humides et les gros rochers.

Planifiez votre mouvement pour qu'il coïncide avec les sons ambiants (circulation, aboiements de chiens, pluie ou rafales de vent) et dissimulez-vous.

Si vous entendez un bruit qui pourrait provenir de votre ennemi, arrêtez-vous et observez. Mettez-vous à terre ou à couvert si vous le pouvez sans vous faire repérer.

Utilisez le bruit et le mouvement pour distraire un adversaire. Par exemple, lancez quelque chose dans la direction opposée à celle où vous voulez aller, afin que l'attention de votre ennemi se concentre dessus.

Déposez les petits objets en touchant d'abord la surface avec votre main, puis en abaissant l'objet.

Odeur

Les humains véhiculent certaines odeurs (savon, nourriture, odeur corporelle). Procédez comme suit pour atténuer votre odeur :

- Lavez-vous, ainsi que vos vêtements, sans utiliser de savon.
- Éviter les aliments à odeur forte, comme ceux qui contiennent de l'ail et des épices.
- N'utilisez rien qui n'a pas une odeur naturelle, comme de l'eau de Cologne, du tabac ou du chewing-gum.
- Frottez sur vos vêtements des plantes aromatiques (aiguilles de pin, par exemple) prélevées dans votre environnement.

Faites attention si vous sentez des signes humains, comme le feu, l'essence ou la cuisine.

Restez sous le vent de votre ennemi si possible, surtout s'il a des chiens.

MODES DE DEPLACEMENT

Lorsque vous échappez à votre ennemi, vous devez opter pour un compromis entre la furtivité et la vitesse. Ce que vous choisissez dépend de votre situation, mais en général, plus vous êtes proche de votre ennemi, plus vous devez être furtif.

Pour une furtivité maximale, déplacez-vous bas et lentement. Plus vous êtes bas, plus vous êtes « petit » et difficile à repérer.

Plus vous êtes lent, moins vous avez de chances d'attirer l'œil et moins vous faites de bruit.

Si l'ennemi est tout proche, bougez aussi bas et lentement que possible. S'il regarde dans votre direction, figez-vous. Vous pourrez vous déplacer plus vite au fur et à mesure que vous vous éloignez.

Il existe quatre façons basiques de vous déplacer quand vous êtes à pied.

Marche

La marche est un bon compromis entre vitesse et discrétion. Vous pouvez contrôler votre vitesse en fonction de vos besoins et passer facilement de la marche à d'autres mouvements, comme vous mettre à courir ou vous accroupir.

Les principes de base de la marche furtive s'appliquent à tous les types de mouvements.

Pour marcher le plus silencieusement possible, placez tout votre poids sur un pied et levez l'autre pied assez haut pour franchir des obstacles, mais pas au point de perdre l'équilibre. Les petits pas sont plus faciles à contrôler.

Testez le sol en appuyant délicatement dessus avec le bord extérieur de la plante de votre pied d'attaque. Si la marche risque de faire du bruit (si vous marchez sur une brindille, par exemple), testez une zone différente. Sur un sol meuble, comme un sol couvert de feuilles, vous pouvez glisser vos pieds sous le feuillage.

Quand vous trouvez un endroit tranquille et que vous êtes prêt à continuer, roulez la plante de votre pied jusqu'à votre talon, puis jusqu'à vos orteils. Déplacez votre poids sur votre pied avant, assurez-vous de garder l'équilibre et répétez le processus avec votre jambe arrière.

Sur un sol dur et bruyant, le contrôle musculaire devient primordial. Plus vous allez lentement, plus vous avez de contrôle sur vos muscles et plus vous pouvez être silencieux. Vous devez pouvoir vous arrêter à n'importe quelle étape du mouvement et maintenir votre position aussi longtemps que nécessaire.

Gardez vos bras et vos mains près de votre corps afin qu'ils ne heurtent rien.

Pendant que vous marchez de cette manière, respirez normalement, d'une façon détendue. Cela encourage le mouvement naturel et contribue à empêcher les halètements si vous faites un faux pas ou perdez l'équilibre.

Enroulez un chiffon autour de vos pieds pour étouffer les sons si possible.

Ramper sur le Ventre

C'est le moyen le plus furtif de bouger car vous avez le profil le plus bas.

Ne glissez pas sur le ventre. Cela laisse trop de traces et fait du bruit. À la place, utilisez vos mains et vos orteils pour faire une pompe qui fait avancer votre corps. Abaissez-vous au sol, placez vos mains de nouveau en position de pompe et répétez le mouvement.

Ramper

Lorsque vous rampez sur les mains et les genoux, testez le sol avec vos mains avant d'appliquer votre poids. Mettez vos genoux exactement au même endroit où vous avez placé vos mains.

Courir

Courir accroupi est un bon moyen de couvrir de courtes distances sans que personne ne vous voie. Utilisez cette technique pour passer un garde qui a brièvement tourné le dos, par exemple.

Se lancer dans une pleine course n'est pas du tout furtif, mais c'est le moyen le plus rapide de gagner de la distance, ce qui est important pour l'évasion. Dès que vous êtes sûr d'être hors de vue, ou si vous avez clairement été repéré, lancez-vous dans une pleine course.

ÉVITER DES CHIENS DE GARDE

Lorsque vous vous échappez, vous devrez peut-être éviter des chiens de garde.

Vous devez prendre toutes les mêmes précautions que pour vous cacher des humains, mais vous devez également vous soucier de l'odorat et de l'ouïe accrus des chiens.

Utilisez des barrières comme le sous-bois pour masquer votre odeur et restez sous le vent.

S'approcher d'une zone où vous savez qu'opèrent d'autres humains peut également tromper un chien, car il sera habitué aux personnes venant de cette direction.

Mettre les Chiens Hors Service

Il existe plusieurs options pour mettre un chien hors service.

Si un chien est mal dressé, lui donner à manger peut fonctionner. Mettez des somnifères (ou un autre médicament pour l'assommer) dans la nourriture si vous le pouvez.

Porter un moyen de dissuasion pour chien improvisé est d'un bon secours au cas où il vous chargerait. En voici certains :

- Mélange moitié eau moitié ammoniaque. Les produits d'entretien sont souvent à base d'ammoniaque.
- Un bidon d'air comprimé (nettoyant pour clavier) tenu à l'envers. Il doit être tenu à l'envers pour obtenir l'effet de congélation.
- Insecticide contre les guêpes. Cela causera des dommages permanents.
- Gaz poivré.

Une dernière option est de le tuer. Combattre un chien n'est pas facile. Attendez-vous à être blessé.

- Rembourrez au moins un bras avec du carton ou un autre matériau.
- Pendant qu'il court vers vous, tendez-lui votre bras rembourré.
- Une fois qu'il a attrapé votre bras, poignardez-le dans l'abdomen, soit par l'arrière, soit par l'avant.
- Si vous n'avez pas de couteau, défoncez-lui le crâne à plusieurs reprises avec quelque chose de dur, comme une brique.

Essayer de tuer un chien alors que vous n'êtes pas armé est difficile, mais pas impossible.

- Une fois qu'il a mordu votre bras, enfoncez-le aussi loin que possible dans sa gueule.
- Continuez à exercer une pression vers l'avant jusqu'à ce que le chien se retrouve sur le dos.
- Étouffez-le à mort en plaçant la partie osseuse de votre autre avant-bras contre sa gorge et en appuyant dessus aussi fort que vous le pouvez.
- Assurez-vous qu'il est bien mort. S'il est inconscient et se réveille, il peut vous attaquer à nouveau.

Si l'étouffement n'est pas possible, ou si vous avez juste besoin de repousser un chien sans le tuer, attaquez ses points faibles. Si vous le blessez suffisamment, il reculera sans doute.

- Frappez-le dans les côtes.
- Écartez d'un coup sec ses pattes avant pour lui casser les articulations.
- Enfoncez vos doigts dans ses yeux.
- Donnez-lui un coup de pied dans l'aine.
- Frappez-le fort sur le nez.

SURMONTER LES OBSTACLES

Les obstacles sont tout élément qui vous ralentit lorsque vous vous déplacez, et/ou les endroits où vous risquez le plus d'être vu.

Évitez les obstacles autant que possible, en particulier ceux qui sont dangereux en eux-mêmes. La seule exception est le mouvement de nuit. Il vaut mieux se déplacer la nuit, sauf si le terrain ne le permet pas.

Observez un obstacle à distance avant de le franchir. Cherchez la meilleure façon de le franchir et le meilleur moment pour vous déplacer.

En matière de furtivité, il existe un ordre de préférence pour franchir les obstacles. Celui que vous choisissez dépend de sa difficulté et du facteur temps.

- **Autour**. Si cela n'ajoute pas une exposition risquée (par exemple, la lumière, le temps).
- **Par-dessous**. Creusez ou soulevez la base.
- **À travers**. Trouvez un point faible et découpez un trou si nécessaire.
- **Par-dessus**. Traversez rapidement et gardez votre profil le plus bas possible. Pour éviter de vous blesser, atterrissez sur les deux pieds et roulez si nécessaire.

La Nuit

Lorsque vous vous déplacez la nuit, vous devez faire un compromis entre les itinéraires les plus faciles et les plus sûrs.

Évitez d'utiliser la lumière, en particulier la lumière blanche. Mémorisez votre itinéraire pour diminuer le besoin de consulter votre carte.

Une demi-lune procure une assez bonne lumière pour un mouvement furtif. Cela vous permet de voir où vous allez tout en vous gardant caché.

Escaliers

Déplacez-vous le long des bords des escaliers les plus proches du mur. Le milieu fera plus de bruit.

Autour des Angles

Allongez-vous à plat et regardez dans l'angle. Ne vous exposez pas plus que nécessaire.

Fenêtres et Miroirs

Restez contre la façade du bâtiment et passez sous la fenêtre/le miroir.

Grillages/Obstacles

Assurez-vous que les grillages ne sont pas électrifiés ou équipés d'autres dispositifs de sécurité. Cherchez :

- Des panneaux d'avertissement.
- Des fils nus entrant dans des isolateurs.
- De petits animaux morts.

Pour passer sous un grillage, glissez-vous sur le dos tête la première en poussant vers l'avant avec vos talons. Placez une planche de bois (ou quelque chose de similaire) sur votre corps dans le sens de la longueur pour que le grillage glisse le long de celle-ci. Palpez devant vous avec votre main libre pour trouver le prochain fil, s'il y en a un.

Lorsqu'il n'est pas pratique de le passer en dessous, essayez de le traverser. Coupez les brins inférieurs pour qu'il y ait moins de signes d'effraction. Pour le faire discrètement, tenez le grillage près de son support et coupez entre votre main et le support. Cette technique empêche également les extrémités de s'envoler.

Pour faire encore moins de bruit, coupez partiellement le grillage et achevez-le en le pliant d'avant en arrière. Si nécessaire, remettez le grillage en place de façon à pouvoir ramper dessous.

Si le grillage est bas, enjambez-le avec précaution. Pour franchir les plus hauts, trouvez des prises près des poteaux de support.

En cas de barbelés, vous devez faire très attention à ne pas vous accrocher. Avant de grimper, recouvrez le fil de tout matériau plat et lourd, tel que :

- Tapis.
- Couverture épaisse.
- Plusieurs couches de carton.

Le fil barbelé est très dangereux. Si vous n'avez absolument pas d'autre choix, utilisez un bâton incurvé pour tirer le fil à plat et recouvrez-le d'un matériau lourd avant de grimper dessus.

Mur Plein

Si vous ne pouvez pas le contourner, passer dessous ou le traverser, trouvez une partie basse pour l'escalader.

Testez l'intégrité du mur en l'agrippant et en le tirant légèrement vers le bas. Augmentez progressivement votre force jusqu'à ce que vous souleviez votre corps du sol.

Vérifiez si l'autre côté est libre (si possible), et si c'est le cas, roulez par-dessus le mur aussi vite que possible.

Pour apprendre à courir sur de hauts murs et surmonter d'autres obstacles, consultez *Essential Parkour Training* :

www.SFNonFictionbooks.com/Foreign-Language-Books

Zones Ouvertes

Les zones ouvertes sont celles qui ont peu ou pas de couverture, comme les champs ou les prairies. Ne les traversez que s'il n'y a pas d'autre moyen pratique de les contourner.

Pour traverser des zones ouvertes, choisissez le sol le plus bas possible (sillons par exemple) et faites profil bas le plus possible. Adaptez votre vitesse par rapport au besoin de dissimulation.

Dans l'herbe, essayez de bouger au moment où le vent souffle et changez légèrement de direction de temps en temps pendant que vous traversez. Cela aide à dissimuler la trace de votre déplacement.

Routes, Pistes et Voies Ferrées

Ne vous déplacez jamais le long des routes quand vous devez être discret. Pour les traverser, choisissez des points étroits et une faible circulation et dissimulez-vous pour minimiser votre exposition (buissons, ombres, virage, terrain bas, etc.).

Courez en vous baissant pour traverser.

Faites attention aux zones sans circulation, car elles peuvent être piégées.

Avertissement : S'il y a trois rails sur une voie ferrée, l'un peut être électrifié.

Sur un Domaine Public mais Hostile

Évitez tout contact avec les habitants, en particulier les enfants et les chiens. Faites le tour des endroits peuplés si possible.

Faites de votre mieux pour vous intégrer avant d'y entrer. Portez des vêtements locaux, couvrez votre peau, nettoyez-vous, etc.

À moins que vous ne maîtrisiez la langue locale, ne parlez pas. À la place, baissez les yeux et éloignez-vous de toute personne qui essaie d'attirer votre attention.

Ponts

Évitez de traverser les ponts. Il vaut mieux traverser à la nage. Vous pouvez vous cacher sous l'eau et utiliser un roseau ou une paille pour respirer.

Si le plan d'eau est trop dangereux, attendez le moment opportun et traversez le pont le plus rapidement possible.

Si vous êtes pris sur le pont et que la mort est imminente, sautez à l'eau. C'est très dangereux, surtout si vous ne connaissez pas la profondeur de l'eau.

Lorsque vous sautez, essayez de plonger dans le chenal où les bateaux passent sous le pont. Cette zone est généralement au centre, loin du rivage.

Restez à l'écart de toute zone où des piliers soutiennent le pont. Des débris peuvent s'accumuler dans ces endroits et vous pouvez les heurter lorsque vous entrez dans l'eau.

Sautez les pieds en premier, en gardant votre corps complètement vertical. Serrez vos pieds ensemble, serrez vos fesses et protégez votre entrejambe avec vos mains.

Une fois dans l'eau, écartez largement vos bras et vos jambes et bougez-les d'avant en arrière pour ralentir votre descente.

Chapitre Connexe :

- Observation

EXPLOSIFS IMPROVISÉS

Un explosif improvisé est une bombe artisanale. Les explosifs improvisés de ce livre utilisent un équipement minimal pour vous donner les meilleures chances de les fabriquer en captivité ou chez vous.

Certains d'entre eux ne sont rien de plus que de simples expériences scientifiques. Ils sont utiles pour créer des diversions.

D'autres sont destinés à blesser votre ennemi. Je ne suggère pas de fabriquer l'un d'entre eux, mais c'est toujours bon à savoir.

En matière d'explosifs, la sécurité est primordiale. Portez toujours des vêtements de protection et assurez-vous que personne – à part votre ennemi – ne se trouve dans la zone de danger lorsque vous les déclenchez.

MÈCHES EN TÊTE D'ALLUMETTE

Certains des explosifs improvisés nécessitent des mèches. Un moyen facile de les fabriquer consiste à utiliser du papier toilette et des allumettes.

Utilisez le papier toilette pour fabriquer ficelle. Déchirer des bandes aussi fines que possible. Pliez chaque bande en deux dans le sens de la longueur et torsadez-la.

Ensuite, mettez des gants en plastique et grattez les têtes des allumettes. Écrasez les têtes pour qu'il n'y ait pas de gros grumeaux. Aspergez d'un peu d'eau les têtes d'allumettes et mélangez-la. Il vous faut une pâte épaisse, et plus elle est lisse, mieux c'est.

Enduisez vos ficelles de pâte d'allumettes et laissez-les sécher. Conservez les mèches sèches dans un sac en papier, à l'abri de la chaleur et du feu.

Matériaux de Remplacement

N'importe quelle ficelle ou papier peut remplacer le papier toilette, mais cela peut ne pas fonctionner aussi bien. Assurez-vous que toute ficelle que vous utilisez est propre et essayez d'obtenir une épaisseur similaire à celle de la ficelle en papier toilette.

Vous pouvez remplacer les têtes d'allumettes par de la poudre à canon. Extrayez-la des balles.

Pour fabriquer une poudre à canon improvisée, mélangez les éléments suivants :

- 1 part de nitrate de potassium (présent dans les engrais).
- 1 part de sucre cristallisé.
- 2 parts d'eau chaude.

BOMBES DE DIVERSION

Les bombes de diversion sont faciles et relativement sûres à fabriquer. Déclenchez-les et lorsque le ou les gardes enquêtent sur le bruit, passez à l'action.

Bien qu'il ne s'agisse pas techniquement d'un explosif, un incendie constitue également une bonne diversion.

Étincelle de Silex

Cette « bombe » créera des étincelles petites mais brillantes. C'est facilement ratable, mais si c'est dans le champ de vision d'un garde, il ira probablement inspecter plus en détail.

Pour ce faire, vous avez besoin d'un briquet jetable et d'une autre source de feu.

Retirez le pare-flammes en métal du briquet jetable. Retirez avec précaution la molette et extrayez le silex et le ressort de silex.

Coincez une extrémité du ressort autour du silex. Mettez le silex dans une flamme, en le tenant par le ressort. Lorsqu'il est rouge, jetez-le sur une surface dure. Les étincelles se produisent au contact.

Bombe Légère

À l'aide du même briquet jetable dont vous avez extrait le silex, vous pouvez fabriquer un générateur de bruit.

Une fois le pare-flammes en métal retiré, déplacez le mécanisme de réglage de la flamme jusqu'à ce que le gaz s'échappe en continu. Pour ce faire, déplacez-le jusqu'au « + ». Tirez-le vers le haut et ramenez-le au « – ». Répétez cette action pour dévisser le robinet de gaz.

Une fois qu'il fuit, suspendez-le à l'envers et allumez le gaz.

Dès que la flamme brûle, le reste du gaz s'enflamme, provoquant une petite explosion. Cela se produit généralement en moins d'une minute.

Assurez-vous de ne pas être trop près lorsqu'il explose.

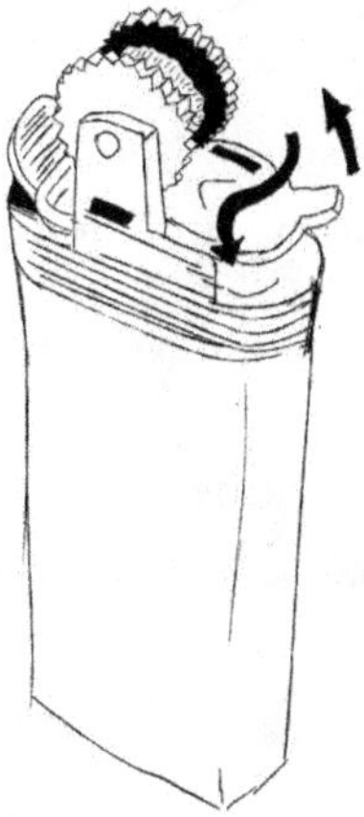

Générateur de Bruit Chimique Simple

Ce générateur de bruit utilise une simple réaction chimique pour libérer du gaz à l'intérieur d'un récipient fermé. Lorsque le gaz sous pression est libéré, il crée un bang suffisant.

Il vous faudra :

- Une petite bouteille en plastique avec un bouchon (une bouteille d'eau ou de soda fera l'affaire).
- Un petit carré de papier (comme l'étiquette d'une bouteille de soda).
- Un quart de tasse de vinaigre.
- 2 cuillères à soupe de bicarbonate de soude.

Les mesures des ingrédients n'ont pas besoin d'être précises. Plus c'est précis mieux c'est, mais plus la bouteille est grande, plus vous avez besoin d'ingrédients.

Enveloppez le bicarbonate de soude dans le papier en un paquet hermétique.

Versez le vinaigre dans la bouteille, puis glissez-y le paquet de bicarbonate de soude. Fermez-la aussitôt et secouez-la. Attendez que la bouteille se dilate un peu et lancez-la sur quelque chose de dur.

Pour faire des gaz lacrymogènes improvisés, versez du piment rouge en poudre dans la bouteille avant d'ajouter les autres ingrédients.

D'autres réactions chimiques que vous pouvez essayer :

- Eau + Alka Seltzer (marque d'antiacide effervescent).
- Coca + Mentos (marque de bonbons).

Bombe Works

Il s'agit d'un générateur de bruit chimique plus puissant basé sur les mêmes principes que le précédent (c'est-à-dire une bouteille en plastique remplie d'un acide et d'une base réactive). Il produit de l'hydrogène, un gaz hautement inflammable.

L'ingrédient acide est l'acide chlorhydrique. Vous pouvez en trouver dans plusieurs produits d'entretien, tels que :

- Nettoyant pour cuvette de WC ou canalisation
- Produits chimiques d'entretien de piscine (acide muriatique).
- Nettoyant de maçonnerie (nettoyant pour carrelage).

Si vous avez le choix, choisissez celui ayant le pourcentage le plus élevé d'acide chlorhydrique, au moins 20 %. Un produit courant est le nettoyant pour cuvette de WC de marque Works ; d'où le nom « bombe Works ».

Veillez à ne pas renverser d'acide chlorhydrique sur vous. Utilisez des gants et des lunettes de sécurité.

Pour la base réactive, prenez du papier d'aluminium.

Chiffonnez sans serrer plusieurs petites boules de papier d'aluminium et mettez-les dans la bouteille. Recouvrez les boules d'acide chlorhydrique et vissez le bouchon. Faites roulez la bouteille là où vous voulez que l'explosion se produise. Autrement, donnez-lui quelques secousses, lâchez-la et fuyez.

L'explosion peut prendre un certain temps à se déclencher, mais quand elle se produira, elle attirera l'attention à coup sûr. Pour la voir en action, recherchez « Works Bomb » sur YouTube.

RÉDUCTEURS DE VISION

Les explosifs improvisés dans cette section sont destinés à altérer la vision de vos ravisseurs. Aucun de ceux-ci n'est explosif, mais ils sont efficaces.

Bombe de Farine

Cela fonctionne avec tout type de farine ou une autre poudre fine, comme de la cendre.

Enveloppez une quantité généreuse de farine dans une serviette en papier humide. Utilisez un élastique pour fermer le tout. N'importe quel papier fera l'affaire si la serviette en papier n'est pas disponible. Un emballage en plastique peut également fonctionner si le plastique n'est pas trop épais. Emballez la farine bien serrée.

Jetez-la sur une surface dure (ou sur quelqu'un) pour créer une grosse nuée de farine à l'impact.

Bombe Fumigène Cuite

Pour cette bombe fumigène, il vous faut :

- Du sucre (saccharose ou sucre de table).
- Du nitrate de potassium/salpêtre (engrais ou poudre à canon).
- Un poêlon
- Une feuille d'aluminium façonnée en un moule (de la forme que vous voulez).
- Une mèche (facultatif).

Mettez trois parts de nitrate de potassium avec deux parts de sucre dans le poêlon. La mesure n'a pas besoin d'être précise, mais il faudra plus de nitrate de potassium que de sucre. Plus il y a de sucre, plus la combustion est lente.

Placer le poêlon sur feu doux et en de longs mouvements, remuez le mélange jusqu'à ce qu'il soit liquide. Versez le mélange dans votre moule en aluminium et insérez une mèche si vous le souhaitez.

Une fois refroidi, retirez le papier d'aluminium. Lorsque vous souhaitez l'utiliser, allumez la mèche. S'il n'y a pas de mèche, vous pouvez l'allumer directement.

Bombe Fumigène non Cuite

Pour fabriquer cette bombe fumigène, il vous faut :

- 2 parts de sucre glace (sucre en poudre).
- 3 parts de nitrate de potassium/salpêtre (engrais ou poudre à canon).

Tamisez ensemble le sucre glace et le nitrate de potassium. Allumez la poudre pour produire de la fumée.

BOMBES INCENDIAIRES

Ces explosifs improvisés sont destinés à être destructeurs et peuvent causer de graves dommages.

Cocktail Molotov

Cette bombe incendiaire classique est constituée d'une bouteille en verre remplie de tout ce qui est inflammable, comme de l'alcool ou de l'essence.

Tout chiffon imbibé de liquide inflammable fait une bonne mèche. Enfoncez-le serré dans le goulot de la bouteille. Allumez-le et jetez-le sur ce à quoi vous voulez mettre le feu.

Incendiaires Improvisés

Voici trois façons de préparer un liquide collant hautement inflammable – comme le napalm du pauvre.

Un cocktail Molotov est un bon moyen de l'utiliser. Prenez un entonnoir pour le verser dans la bouteille.

Mélangez l'une des combinaisons suivantes dans un vieux récipient. Soyez prudent lorsque vous le manipulez, afin de ne pas en projeter sur vous.

- 5 tasses d'essence + 1 tasse d'huile + un demi-pain de savon à barbe.
- Mousse de polystyrène + essence. Mettez autant de polystyrène que nécessaire jusqu'à ce que l'essence ne puisse plus se dissoudre.
- 2 parts de farine + 1 part d'essence.

LES RÉFÉRENCES

12PillarsOfSurvival.com. *Survival Stash.* 12PillarsOfSurvival.com.

Alton, J. (2016). *The Survival Medicine Handbook.* Doom and Bloom.

Auerbach, P. Constance, B Freer, L. (2018). *Field Guide to Wilderness Medicine.* Elsevier.

Carnegie, D. (2010). *How To Win Friends and Influence People.* Simon & Schuster.

Chesbro, M. (2002). Wilderness Evasion. Paladin Press.

Department of Defense. (2011). *U.S. Army Survival Manual: FM 21-76.* CreateSpace Independent Publishing Platform.

DOD United States Department of Defense. (2011). *Survival, Evasion, and Recovery.* Pentagon Publishing.

Emerson, C. (2016). *100 Deadly Skills: Survival Edition.* Atria Books.

Emerson, C. (2015). *100 Deadly Skills.* Atria Books.

Erickson, R. Erickson, R (2001). *Getaway: Driving Techniques for Escape and Evasion.* Breakout Productions.

Fiedler, C. (2009). *The Complete Idiot's Guide to Natural Remedies.* Alpha.

Goodwin, L. (2014). *Prepping A to Z: Book A.*

Goodwin, L. (2014). *Prepping A to Z The Book Series Book B.*

Goodwin, L. (2014). *Prepping A to Z The Book Series Book C.*

Goodwin, L. (2014). *Prepping A to Z The Book Series Book D.*

Goodwin, L. (2014). *Prepping A to Z The Book Series Book E..*

Goodwin, L. (2014). *Prepping A to Z The Book Series Book F.*

Hanson, J. *Don't Hide Valuables Here.* www.spyescapeandevasion.com.

Hanson, J. (2015). *Spy Secrets That Can Save Your Life.* TarcherPerigee.

Hanson, J. (2018). *Survive Like a Spy.* TarcherPerigee.

Hawke, M. Hawke, R. (2018). *Family Survival Guide.* Skyhorse.

Lieberman, D. (2018). *Never Be Lied to Again.* St. Martin's Press.

Luther, D. *The Prepper's Workbook.*

Miller, T. (2012). *Beyond Collapse.* CreateSpace Independent Publishing Platform.

Morris, B. (2019). *The Green Beret Survival Guide.* Skyhorse.

Nobody, J. (2011). *Holding Your Ground.* Elsevier.

Nobody, J. (2018). *The Prepper's Guide to Caches.* Prepper Press.

Robinson, C. (2012). *The Construction of Secret Hiding Places.* Desert Publications.

Terrill, B. Dierkers, G. (2005). *The Unofficial MacGyver How-To Handbook.* American International Press.

Voss, C. Raz, T. (2016). *Never Split the Difference.* Harper Business.

WA Police, SA. (2019). *Aids to Survival.*

Wiseman, J. (2015). *SAS Survival Guide.* William Collins.

United States Marine Corps. (2013). *United States Marine Corps Individual's Guide for Understanding and Surviving Terrorism.* United States Marine Corps.

US Marine Corps. *Kill or Get Killed.*

Yeager, W. (1990). *Techniques of the Professional Pickpocket.* Breakout Productions.

À PROPOS DE L'AUTEUR

Sam Fury est passionné par l'entraînement à la survie, à l'évasion, à la résistance et à la fuite (SERF) depuis son enfance en Australie.

Cela l'a conduit à des années d'entraînement et de carrière dans des domaines connexes, notamment les arts martiaux, l'entraînement militaire, les techniques de survie, les sports de plein air et la vie durable.

Ces jours-ci, Sam passe son temps à perfectionner ses compétences, à en acquérir de nouvelles et à partager ce qu'il apprend via le site Web Survival Fitness Plan.

www.SurvivalFitnessPlan.com

amazon.com/author/samfury
goodreads.com/SamFury
facebook.com/AuthorSamFury
instagram.com/AuthorSamFury
youtube.com/SurvivalFitnessPlan

www.ingramcontent.com/pod-product-compliance
Lightning Source LLC
Chambersburg PA
CBHW062121020426
42335CB00013B/1047